寵物通心術

自學動物溝通的62個練習

LEARNING THEIR LANGUAGE

INTUITIVE COMMUNICATION
WITH
ANIMALS AND NATURE

MARTA WILLIAMS

瑪塔・威廉斯 著

何秉修 譯

跨界推薦

中心動物醫院院長——**杜白醫師**

牙醫師、作家、環保志工——**李偉文**

動物溝通師——**狗男**

929樂團主唱——**吳志寧**

花蓮縣動權會會刊主編、時光二手書店負責人——**吳秀寧**

動物溝通師、身心靈工作者——**吳紫翎**

貓咪攝影師——**吳毅平**

曠野追蹤師——**達娃**

台北市獸醫師公會理事長——**楊靜宇**

自然生態觀察家——**劉克襄**

犬物語雜誌愛犬診療室專欄作家、芸林動物醫院院長——**蔡盈庫**

愛寶動物醫院院長——**謝旻莉醫師**

知名部落客——**Phyllis**

【讀前的小小測驗】

你的通心指數有多高？

請先深呼吸幾次，然後帶著放鬆的心情，進行以下三個測驗題。都做完後，再翻到書末核對答案。（小提醒：越是敞開自己的心，就越容易接收到訊息喔!）

【測驗一】：貓咪海柔

這隻貓咪名叫海柔。仔細看這張照片。然後，問她喜歡和不喜歡什麼，也詢問海柔的年齡，然後把答案記下來。如果你沒有得到任何印象，就盡力猜（因為你還沒開始學嘛），做完再進行到下一隻動物。

【測驗二】：狗狗布萊蒂

仔細看這隻狗狗的照片，她的名字是布萊蒂。深呼吸，從你的心傳愛到她的心。然後，問她喜歡和不喜歡什麼，以及她的年齡。記下你的答案。如果沒有訊息傳來，就先用猜的。接著，進行到最後一隻動物。

【測驗三】：馬兒狄倫

照片提供©Dominique Cagnée

仔細看這張照片。這匹帥馬名叫狄倫（而左邊這位就是作者瑪塔）。深呼吸，從你的心傳愛到他的心。然後，問他喜歡和不喜歡什麼，以及他幾歲了。記下你的答案。如果沒有訊息進來，就猜猜看。

現在翻到書末正解（第262頁），核對你的答案吧。

【你的通心指數分析】

如果你得到**60%**以上的正確答案，你的成績算非常好。如果正確率在**20～60%**之間，以初學來說是可預期也可接受的。何況你連學都還沒開始學，別對自己太嚴格了。

如果你的正確答案低於**20%**，可能只是因為起步的運氣不好，就像學騎腳踏車，抓到訣竅前先跌個幾次。鼓勵你再接再厲，繼續做之後各章的練習。

在做完這個小小測試之後，你是否對動物通心術稍微有點概念，而感興趣呢？讓我們廢話不多說，開始來讀這本書吧！

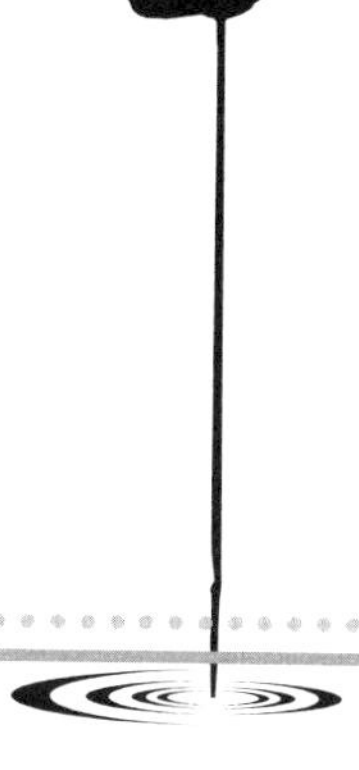

目錄

62個寵物通心術練習

推薦序一

要是能跟貓咪交談就好了

知名部落客、暢銷書《零雜物》作者 Phyllis

身為在家工作者，我一天之中跟貓說話的次數比人多。偶爾三隻貓會明確回應我的詢問或要求，但多數時候，我只是對著他們噓寒問暖、吐露心事，卻無法充分理解他們的感受與想法。但比起教人洩氣的單向溝通，我更在意沒能及時掌握他們的健康狀況，因為貓咪很能忍痛，等到症狀外顯，疼痛多半已經持續好一陣子，而這往往令我深感自責。

因此我常想，要是能跟貓咪交談就好了。如果能明白他們的好惡、瞭解他們的需求、參考他們的建議，我就能適時地提供協助，或是在自己心煩意亂的當下，傾聽來自另一個角度的客觀建議。於是修．羅夫亭筆下的《怪醫杜立德》、村上春樹小說《海邊的卡夫卡》裡那位中田先生，以及動物星球頻道的「寵物靈媒」桑妮雅，便成了我欣羨萬分的對象。

然而，與動物溝通的能力不單單侷限於小說中的虛構人物，或桑妮雅這般天賦異稟的奇人。由古籍觀之，上古人類多半能與蟲林鳥獸對話，即便是今日的澳洲內陸，也仍居住著與動物心息相通的「真人部落」。可見現代人並未喪失這種珍貴的能力，反而是放棄與大自然和諧共存、追求物欲、遠離真我的生活方式，使我們內建的跨物種溝通管道形同癱瘓。

好消息是，重啟管道並非遙不可及。坊間有不少溝通師便是透過後天學習，成功建立起與動物雙向溝通的連結，本書作者瑪塔·威廉斯正是其中之一。她認為動物都是直覺大師，只要跟隨書中練習題一步步培養直覺感應力，複製她的能力指日可待。此外，她也分享了化解動物心結、改善動物行為、遠距協尋走失動物，以及與已故動物聯繫的經驗談，就連打開動物話匣子的聊天題庫也都貼心奉上。她語帶鼓勵地表示：「我開班教授直覺溝通超過十年，還沒遇過有誰學不會。」

在與動物交流時，瑪塔建議我們採取平等、尊重的態度，接收直覺訊息時必須先舒緩身心，感受自己與大地相連，同時保持正向思考。換句話說，這本書其實也藉由形上學、量子力學、前世今生等知識系統，教導我們如何發揮同理心，如何反璞歸真、專注靜心，進而接通宇宙智慧並翻轉負面信念。基本上，它就像一本傳授萬物溝通術的個人靈修指南。

書中最令我印象深刻的，是南美烏瓦族請石油「移動」到他處，成功躲避財團鑽探的故事。我從沒想過直覺溝通竟能如此運用！顯然除了用來服務毛孩子，溝通術還能使各種生命形式與環保鬥士協力合作，一起改變地球局勢。

剛才我詢問案頭的肥貓是否贊同我學習直覺溝通，她抬起頭瞧了我一眼，似乎在告訴我：「拜託，我等妳開竅等很久了。」那麼，待會兒就從第一道練習題著手吧！

推薦序二——無聲勝有聲

中心動物醫院院長、《動物生死書》作者　杜白

常常聽到主人告訴我，他（她）的狗，什麼話都聽得懂。我完全相信，可惜的是牠說的我們聽不懂。想「聽」懂牠的話，一直都是我們的夢想，或者是人性中偷窺的宿習。

動物都十分的憨直，牠們的心智約略等於人類十二歲左右的小孩。牠們的思維模式是用圖像，而且都是最重要最簡單的，不若人們線性的語言，充斥許多不必要的敬語、廢話。當你看完本書，做完所有練習之後問狗兒：你吃飽沒？你的腦袋會很直覺的出現牠在舔舌頭表示吃飽了，同時舔過來表達感謝的畫面。牠們的詞彙裡，頭幾樣一直都是：愛、感謝、擔心、沒問題、好、不好、一直都是如此的不是嗎？

人類的感知器官，因為語言、文字、邏輯、道德、文化的圈限而被迫神隱。但是，它們其實就像被冷藏的種子。這個種子，富含可以接收視覺、聽覺、嗅覺、味覺、觸覺、思想以外的訊息。這個宇宙充滿無限量的訊息，人類用聲波、光波、電波、微波、無線電波、電磁波等等波的理解，發展出無線電、電視、手機、腦波、心電圖、肌電圖。

你我都感知不到這些波的存在，卻可以看電視、講手機，甚至用手機往雲端去接收訊息。用無線電波來遙控遠在火星上的好奇號。人類用聲波來直接溝通，動物卻用腦波來與人地山川、飛禽走獸，以及人類來溝通，只是人類一直忘記把天線伸展出來。

已知的腦波有 α、β、γ、δ 波，每種波的波長不同，所能傳達的深遠度也不同。動物的世界，就是用腦波來溝通。瑪塔．威廉斯女士很拘謹的不敢超越靈性的界限，觸及這個區塊。不過她的成就在凡夫俗子的我們眼下，已屬十分難得。宇宙其實就像百科全書似的資料庫，有無限量的訊息。人類因為存亡所需，在文化、禮教、倫理等等的圈限下，不由自主的，把接收種種腦波的天線，無意識的隱藏起來。無所謂對與錯，只是有點可惜。

第三個千禧年，就是要鼓勵地球上的物種，大膽的伸出接收腦波訊息的天線。誠摯的建議有緣的讀者兄弟姐妹，在閱讀本書同時練習之餘，也看看我的《動物生死書》。瑪塔女士，開啟了第一扇門，這是基本的入門技巧，萬物之靈的我們，還得把層次再提高，充分發揮宇宙智慧的基本鐵則——愛、包容與祝福。不只是要瞭解寵物的心意，還得互相勉勵，互相祝福，讓存活在蓋婭——大地之母懷抱裡的我們，學習到真正的和諧，和諧的與天地共處。

推薦序三——終於能夠一窺動物的內心世界

愛寶動物醫院院長、美國認證犬行為治療師　謝旻莉

記得以前剛入行時，只要碰到不合作的狗，就會用不銹鋼的保定籠直接壓制他，以完成醫療行為；後來學了行為學之後，我會利用肢體語言的溝通，以完成必要的醫療。等到接觸寵物直覺溝通的觀念和方法後，我再加上心靈的正面力量，這樣的改變為我的醫療加分不少。

我的醫院在兩、三個月前，來了一隻十歲的混種狗多多。多多在一個星期前得了耳血腫這個疾病，前一個獸醫師幫多多麻醉手術治療；但是手術後，沒有任何人可以檢查傷口、上藥或是餵多多吃術後的消炎藥。主人帶他來到我的醫院時，我看到一隻害怕又驚恐的狗，不願意進來；我走了出去和主人聊了一下行為學和寵物通心術之後，我給了他們一點時間溝通，不一會兒，主人就牽著狗走進來了。

我在候診室坐下來，詢問了病史和主人的期望；我感覺到主人的情緒也很緊張，就像是緊張二人組。問診完畢，我利用食療、中藥、行為學和直覺溝通開了處方；約莫作了三個月的治療，不僅耳血腫好了，多多自己可以在診療室和看診室走來走去和人打招呼。主人還說，多多本來只要聽到打雷聲就整夜緊張不能睡，現在就算有雷聲也可以好

好睡覺了。身為小動物臨床獸醫師，只要是對動物好的，我都願意加入現有的醫療。

如果你有毛小孩，會不會很渴望可以知道他在想什麼？在生病疼痛時，希望他可以說出他的不舒服；在開心的時候，也可以說出他的喜悅；在被其他毛小孩或人類欺負時，可以說出自己的不平；在被收養時，可以大聲說出無限的感謝。

本書就是為了這樣的需求而寫的。作者瑪塔．威廉斯累積十多年的動物溝通經驗，把動物通心術抽絲剝繭，帶領我們一步一步進入直覺溝通的世界。讓我們有機會，可以一窺動物的內心世界。

書中第六章中提到的，跟動物建立關係的步驟，甚至可以廣泛應用在生活上、工作上，作為解決各式問題的方法：一、「放慢下來」：開始放慢步調時才能透視自己的內心，進而感受對方的內心，所謂的溝通才會啟動。二、「向下扎根」：如果用白話文來說就是確定目標、作出適當的選擇。三、「保持正面的態度」：正面思考能幫助我們度過重重困難和低潮，幫助我們達成目標。接下來的「啟動直覺感應力」、「與動物建立關係」這兩個步驟，是開始執行目標。如此反覆不斷地練習，離目標就會越來越近。

每個人都有與生俱來的溝通能力，少數的人是天生好手，大多數的人是要透過反覆的練習。但是我相信只有心中有愛，透過作者的方法和引導，我們對於「動物溝通」這件事一定會更得心應手，和你的毛小孩也會有心電感應了。

推薦序四——重建與大自然的私密對話

七世代自然生活學校共同創辦人、《松林少年的追尋》譯者 達娃

閱讀瑪塔·威廉斯的《寵物通心術》帶給我很大的喜悅與希望。它讓我聯想到追蹤師學校裡有一堂重要的哲理課，教導的是「感知存在」（sensing presence）：學生在森林裡生活多日後，開始學習感受其他人靠近身邊時的能量範圍，然後感受大樹的能量，同時學習和樹木說話。

一開始，學生總覺得自己像個傻瓜。要跟無法回話的樹木說話，令人感到難堪、無稽、為難，因為在一個充滿自我評判的世界裡，我們擔心別人會怎樣看待自己。可是這場與樹的對話是私密的，學生各自去找了願意聆聽自己說話的大樹，沒時間偷聽別人在說什麼。

於是，大家開始認真說了起來，投入了情緒，有人說著說著大笑了出來，有的人對樹唱起歌來，有人抱著樹痛哭，有人對樹說了不可告人的祕密。突然間，原本存在於心中那個找不到答案的問題，那個放不下的情結、遺忘了好久的記憶，竟然疏通了。

是誰解開了心結？是誰勾起了回憶？是誰幫助你疏通鬱塞的能量？是你的大樹朋友，我們深信不疑。當你不再處於批判評斷的狀態中，你聽見了大樹的聲音，接收了大樹療癒的能量。

在人類的生命史中，人與自然的關係再也沒有比這個時代更疏離的時候了。我們行住在大地上，土地與房屋卻覆蓋了柏油、水泥，穿著鞋子的雙腳不再親吻泥土。我們在缺乏與其他存在直接接觸的生活模式中，不斷創造、製造、需求、消耗；然而在無盡的「做」為當中，我們只完成了身為人類的一半功能，即「行動」，而忘了人類還有的另一半功能，即「感受」或「收受」。

「感受」是人類與世間萬物產生連結的方式。世界各地的原住民文化，都非常擅長感受與接收來自萬物的訊息。他們不僅與動物、石頭、小溪和山神對話，更與遠古的祖先和大地母親在靈的層次上對話。這些並非超能力，而是因為他們隨時隨地處在開放的接納狀態。

因此讀到《寵物通心術》這本書時，我不禁喜悅了起來。寵物，可說是現代人生活中最接近大自然的元素；而要與之通心，你必須處於願意接收訊息的狀態。作者提供了許多能夠加強這份接收能力的練習，使我們能夠不再單方面的以「做為」模式存在於世間，而能夠接收來自動物、植物等各種寵物的意識，進行雙向溝通與連結，重拾與世間萬物進行心靈溝通的機會。

我相信，當人們能夠傾聽公園老榕樹目睹過的世態變化，聽懂溪中小魚游經的歷程，接收到大冠鷲飛越土地時所見的景象時，我們所做的每一決定，踏出的每一步伐，都會由衷的從心出發。

推薦序五——當愛犬告訴我，她很愛很愛我

動物溝通師、身心靈工作者 狗男

從小，我就是個莫名熱愛動物的人，一直渴望生活中有動物相伴。雖然一開始，爸媽以養寵物可能導致我過敏為由拒絕，但最後還是拗不過我的纏功，讓我養了生平第一隻狗——哈姆。哈姆陪伴我度過十六年的時光，直到去年二〇一一年，終於因為年紀老邁、四肢退化到無法行走，我才忍痛將她施行安樂。

施行安樂，是哈姆請求我做的。還記得那天傍晚，我清楚地接收到哈姆告訴我「是時候該走了」的訊息。所以，當醫生請我簽署安樂切結書時，我並沒有太多猶豫，有的只是萬般不捨。

我曾經在研究機構當了十年專業的生物研究人員，是個有一分證據說一分話的標準科學家。對於直覺這種看不見、摸不著的東西，我始終抱持著十分懷疑的態度。直到發生如此深刻的直覺感應經驗，我才相信，人和動物是可以心靈溝通的。

數月之後，我開始學習動物溝通的課程。還記得在和哈姆的靈連結上的那一刻，我終於忍不住嘩啦大哭，眼淚鼻涕飆得滿臉都是，不過最欣慰的是，她告訴我，她現在在彩虹橋的另一邊過得很好，教我不要擔心。她還說，很感謝這十六年來，我那麼那麼地

愛她，她也很愛很愛我。直到那一刻，我才真正放下對她的掛念與施行安樂的歉疚，也第一次深刻瞭解到哈姆這一生，要教會我的功課就是無條件的愛。

今年初，因為結婚的關係，我跟老婆各自從家裡搬出來一起住，老婆養了兩年的公貓「等登」也要搬過來住。我從來沒見過那隻貓，聽說他對於環境的轉換曾經有在床上拉屎拉尿的抗議行徑，不是一隻會親近陌生人的貓。所以，在等登搬來之前，我先使用了動物溝通術，將新家的影像傳給他看，也不斷告訴他我會是他的新人類同伴，我會很愛很愛他。

後來，他初次抵達我家的時候，當籠子一打開，他竟然馬上衝到正坐在沙發上的我旁邊，頭靠在我大腿旁邊，很快就安心地睡著了！當下，包括我老婆在內的所有人，都驚訝到不行。我本身的感動更是無以言喻，因此更堅定了作為一名專業動物溝通師的志向。

《寵物通心術》這本書真的很棒！它鉅細靡遺地教導了日常生活中，所有可能派上用場的直覺溝通技巧；也將學習過程中可能遭遇的困難，都一一點出。身為一位具諮詢經驗的動物溝通師，我誠心地推薦任何想要跟動物作直接心靈交流的人，從這本入門書下手，開始探索這個動人的領域。

誠如作者在書中不斷強調的，重拾和動物及大自然的連結真的很重要。愛地球是真的真的真的很重要的！

推薦序六

開始學習他們的語言

獸醫師、作家　雪洛・史華茲（Cheryl Schwartz）

動物具有一種影響我們心靈的獨特力量。他們比人類更能潛入我們的內在世界，打開我們情感的閘門，讓我們傾訴最深層的思想、感情與渴望。鼻子頂一下、舌頭舔一舔、喵一聲或摩娑一陣就可以引人微笑，讓我們心情愉悅。

有些人會對自己的動物朋友說話，彷彿他們完全了解我們在說什麼。或許正因為抱著這樣的態度，所以他們真的聽得懂。沒有享受過與動物共處之樂的人們，會以為我們是瘋子。但人類與動物之間的溝通超越了話語的限制，這種溝通帶有一種相互尊重與關心的感覺。動物讓我們免於自卑與害羞，讓我們更勇於表達自己。

我從事獸醫這一行已經二十五年了，其中有二十三年是致力於整體獸醫療法（holistic veterinary healing）。我見識過許多動物與飼主之間，驚人的互動情形。許多跟動物在一起生活的人，都跟他們的動物朋友保持著持續不斷的對話關係。在我失去我的貓朋友「好萊塢」之後，只要自己一個人在家時，我就會開始自言自語，好填補我那毛茸茸老弟不在了的空洞感。

雖然我長久以來一直與動物溝通，特別是跟來尋求治療的動物們溝通，但我從來沒有仔細思考過這件事。因此，當瑪塔・威廉斯請我替她的書寫序時，我感到很興奮。

瑪塔寫了一本淺顯易懂又引人入勝的入門書，書裡收錄了許多她的動物朋友與人類客戶的故事，幫助讀者了解動物之餘，還傳授了與動物交談的步驟和方法，而且人人都可適用。每當你對你的馬、貓或狗說話，並感覺到他們做出某種回應時，這本書會讓你明白那些感覺是可信的。

這本書幫助我在醫治動物時放慢步調，詢問他們的感覺，以及是否需要協助。我讓他們知道我會溫柔地對待他們，讓他們清楚為了方便進行療程，他們必須合作。這是一種合作的關係，與動物溝通就跟治療本身一樣重要。沒有溝通，沒有對方的允許，就容易產生緊張的情況，降低治療效果。有意識的溝通，增進了我跟動物病患之間的相互理解。請求動物配合，然後看著他照我說的做，這種做法的效果好得讓人難以置信。

幾天前，我替一位同事診療一個狗病患。他是一隻上了年紀的狗，看病時經常不配合。我那同事曾有一次試圖打開他的嘴，要觀察他的舌頭，卻被他咬傷手臂。當那隻狗被帶進來時，我還不曉得他以前幹過這檔好事。當我替他看診，尋找哪裡出毛病的時候，我透過心靈請他張開嘴巴。他的飼主看到那隻狗直接張大嘴給我看舌頭，驚訝得差點從椅子上跌下來。

還有一次，我出診一隻名叫山姆的馬。他的脖子有病痛，沒辦法往某一邊彎。沒有人主動問他出了什麼問題，也沒人問過他需不需要幫助。他在牧場裡，絲毫不想被人用籠頭或牽馬索套住。當我接近山姆時，我先停在約略二十碼的距離外，我告訴他，我注意到他的脖子似乎受了傷，問他需不需要我的幫助。我就這樣待在那裡，過幾分鐘後，他朝我走來，低下頭來讓我套上籠頭。

與動物合作，比人類強勢主導的醫療模式更有效率。純種馬路易是我一個要好的馬朋友兼老師，有一天他在教我騎乘小跑、轉向和前進等一般技巧時，突然僵住不動，儘管我還騎在他背上。當我請路易小跑步時，他會跑個幾步，再慢下來用走的，或乾脆停止，彷彿陷在流沙裡似的。然後他決定完全不走了，不管我怎麼催促，他就是一動也不動。他在表達什麼呢？碰巧那時候，我的生活也遇上了瓶頸，感覺無法振作起來。路易是在透過某種肢體語言，反映我的心境嗎？

下一次去找路易時，我處在比較好的心情狀態中，又在生活中繼續前行了。這一次，路易的飼主同樣也是出城去，因此我們得以更清楚地溝通。我問路易心情如何，他說他想去賽馬場外面。於是我替他套上籠頭，帶他沿著馬路斜坡走來走去，讓他盡情欣賞風景，並吃吃路邊的嫩草。我們回到他賽馬場的家後，我問他接下來想做什麼。他用這個方式回應我：他走到賽馬場另一側，那裡是我們平常工作的場地，然後開始自己以8字路徑奔跑。他感覺起來像在說：「你給了我想要的，現在該我工作了。」許多像這樣的插曲，充實了我與動物伙伴共度的生活。

瑪塔．威廉斯是一位極有天賦的動物直覺溝通師，在這本書裡，她給了我們一些與動物深化關係的方法。藉著流暢的文字和簡單的練習，她幫助我們與動物伙伴更緊密相繫，讓我們在心靈上獲得成長。她為人類與動物的關係帶來愛與希望。當你讀這本書時，請敞開心胸——準備學習他們的語言。

註：史華茲醫師為《四掌五行：貓與狗的中醫入門》（Four Paws, Five Directions: A Guide to Chinese Medicine for Cats & Dogs）作者

作者用詞說明：

本書中指涉動物時，我盡量避免使用「牠」這個代詞。動物並非無生命物，而且他們是有性別的。可是當兩性都適用時，該用哪個代詞呢？碰到這類情況，一般習慣是用「他」。不過，我決定交替使用「他」和「她」，每章輪流。指涉動物與人類關係中的人類這一邊時，我也盡量不用「主人」這個詞，以免將動物客體化。我改用「動物的友人」這個說法。

導言——我們都是一家人

美髯是一隻年輕的黑毛美洲野馬（mustang horse），我初識她時，她什麼都怕，無法被安撫；沒辦法替她洗澡，沒辦法戴防蠅面罩（一種抵擋蒼蠅的臉部遮蔽物），也沒辦法牽她繞過馬廄。沒人確切知道她經歷過什麼創傷，但從她的行為來判斷，她一定嚴重受虐過。當我用直覺與她對話時，她告訴了我她的故事。

她顯示給我看，她的母親被一群人抓住並殺害的景象；然後，我看見那群人戲弄與嘲笑美髯，因為她害怕得不得了，對什麼都反應激烈。我接收到一股龐大的孤獨感與恐懼感，還有因喪失母親而引發的悲慟。她解釋說，她無法再信任人類，而我完全能夠體會那種心情。

我問自己，能為這隻遭到人類殘忍對待的小母馬做些什麼。於是，我傳送給她我的愛，和一幅幅她未來將會過得平安快樂的願景。我告訴她，她經歷過的那些事是不對的，不管是什麼馬都不應該承受那樣的對待。我保證她將會永遠跟她現在的友人住在一起，絕不會再被欺負。她聽了後告訴我，她想要一個新名字，「莎蒂」這個名字隨即出現在我心中。她從此改名為莎蒂。

莎蒂在那種情況下需要得到的幫助，就跟人類一樣——有個人願意傾聽她的故事，給予她支持，並建立起對於未來的信心，讓她可以開始紓解她的悲傷、憤怒與恐懼。之後，她就可以讓關心她的人帶給她新的生活。我們對談之後，莎蒂重新開始嘗試信任人。隔天早上，她頭一次讓她的友人替她戴防蠅面罩。我能幫得了莎蒂，因為我知道如何說她的語言——直覺溝通，這是萬物共通的語言。

我跟莎蒂對話時，是透過心靈交換想法、感覺與圖像，直覺溝通就是這麼進行的。我完全信靠自己的直覺或內在感應，並透過心靈來傳送與接收訊息。一般在描述這種無聲對談能力時，是用「動物溝通」（animal communication）這個詞。在這本書裡，我採用「直覺溝通」（intuitive communication）這個說法，它不只包含與動物溝通的能力，也適用於人跟一切生命之間的無聲交流。如果你可以跟小至螢火蟲，大至山獅的每種動物溝通，那麼你也能跟植物、河流、高山，以及大自然的許多元素與力量對話。

這聽起來不可思議，因此我不會期望你在沒有證據的情況下就相信。就我而言，我已經收集到足夠的軼聞證據，加上我的工作主要是與動物共事，因此我可以十足肯定地說，那種能力確實存在。我已經向自己證明那是真的，而這正是我現在想要幫助你達成的事。

生活在原始文化裡的人，將直覺溝通視為稀鬆平常的事。對他們而言，動物、植物與大地之間互相關聯，每種形式的生命皆有感情、智力、靈魂和溝通能力。加州溫圖族（Wintu）的一位女聖者，曾對淘金潮給大自然帶來的毀滅提出評論，在她的話裡，你能看到原住民對大自然的態度：

白人從不關心土地、鹿或熊。我們印第安人必須殺生時，會把肉全部吃下。我們挖植物的根時，只挖小小的洞。我們蓋屋子時，只挖小小的洞。我們燒草抓蚱蜢時，不會糟蹋東西。我們用搖的把橡實和松子搖下來。我們不砍樹，只用枯死的木頭。可是白人卻掀翻土地，拉倒樹木，趕盡殺絕。樹說：「不要，我會痛。不要傷害我。」但他們還是砍掉它，把它切成一塊一塊。土地的靈討厭他們。他們炸掉樹林，深深地攪亂土地。他們鋸斷樹木。樹會痛的。印第安人從不傷害任何生命，可是白人卻摧毀一切。他們炸岩石，害它們碎落到地上。岩石說：「不要，你把我弄痛了。」可是白人沒聽到。印第安人使用岩石的時候，只拿小圓石來煮食物。大地的靈怎麼可能會喜歡白人呢？白人碰它哪裡，哪裡就發痛。❶

加拿大亞伯達省的一位斯通尼（Stoney）印第安人行牛（Walking Buffalo），又名塔坦加・瑪尼（Tatanga Mani），從小在白人的學校受教育，但從沒離棄他與自然的關係。在他八十七歲時，當時是一九六〇年代晚期，他在倫敦做了一場演講，裡面談到他與樹木對話的能力：

你們知道樹會說話嗎？他們確實會說話。他們會彼此交談，而如果你用心聽，他們也會對你說話。困難在於，白人不會傾聽。他們從來不懂得傾聽印第安人，所以我也不認為他們會傾聽自然裡的其他聲音。我從樹木那裡學到很多事情，有時候是關於天氣，有時候是關於動物，有時候是關於大靈（the Great Spirit）。❷

我們並非只能從歷史中，尋找人類和自然和諧共處的例證。那位溫圖女聖者和行牛所表達的信念，仍普遍存在於當今世界各地的原住民文化中。雖然現代人已經跟自然疏離，但與其他生命形式進行無聲溝通的能力是我們真正的遺產。

我們可以在烏瓦族（U'wa）找到這種人類與自然的關係的一個當代實例。烏瓦族居住在哥倫比亞安地斯山脈（Colombian Andes）上的雲霧森林裡，已經住了數千年之久。烏瓦族現正面臨被開發的威脅，西方石油公司（Occidental Petroleum）一直在烏瓦族的土地上探勘石油。石油的開採將會導致生態破壞與烏瓦生活型態的消亡。

烏瓦族一度聲明，若是開發計畫繼續下去，他們就要集體自殺，他們寧可一死，也不要眼看家園毀壞。他們相信，石油是大地血脈中流動的血液。以他們的話來說：

石油是大地母親（Mother Earth）的血液……在我們看來，取走石油比殺死自己的母親更可怕。如果你殺死大地，那就沒有人能活命了。❸

如果人類希望在這地球上生存與繁衍，就必須重新學習如何與其他生命形式和諧共存。我們對於動物和自然界的看法，必須更向我們的老祖宗與當今的原住民族看齊。學習直覺溝通，將可促使這樣的轉變發生。

能夠與動物透過直覺來溝通，這其中蘊藏著一股龐大的力量，一股能遏止破壞，帶來保護與正向改變的力量。烏瓦族後來重新思考該如何應對石油公司，並想出了一個新對策。他們決定對石油說話，叫它「移動」，躲避石油公司的鑽探。最近，我看到消息指出，西方石油公司（那家執行鑽探的跨國石油公司）因去年夏天的石油鑽探一無所獲，宣布放棄對烏瓦世居之地的控制。❹一旦你具有跟其他生命形式進行直覺溝通的能力，這種保護自然的合作關係就可能實現。

在開始運用直覺溝通的階段，跟飼養的動物練習，比跟野生動物或大自然練習容易得多，也較方便於確認你接收到的訊息是否正確。譬如說，你可以請你朋友出幾道關於她所飼養的動物的題目。這些題目的答案，必須是可以核實的，而且是你不知道的。

你可以問動物「你喜歡小孩子嗎」或「你喜歡其他動物嗎」等這類問題。提出的問題不能有可預測的答案，這樣你才不會憑著邏輯理智去做判斷。在你問過動物一些問題，並得到解答後，再與你朋友驗證這答案是否屬實。幾次測試都能得到準確結果後，你就會開始相信自己的直覺溝通能力了。

做直覺溝通時，不是去解讀動物的肢體語言或憑經驗判斷。直覺溝通是完全不一樣的工夫。要學會它，你必須放下自己的理性思考，完全倚賴直覺來傳送與接收資料。過程雖然簡單，但由於這與我們以往所受的教育截然不同，一開始你的心一定會有所抗拒。我剛開始學習的時候，也一直在這方面遭遇困難，不相信我接收到的訊息是真的。直到開始重複做些可被驗證的練習後，才終於相信自己具有這樣的能力。

舉例來說，我詢問一隻夸特馬（quarter horse）捷可有關他過去的經歷，他告訴我說，他一開始是在奧瑞岡州（Oregon）的一所大牧場，工作非常辛苦。當他再也無法牧牛後，他成了一個有著金色長髮的小女孩的私人坐騎，他當時很愛她。捷可現在的友人因為知道他的過去，所以證實了他所傳達給我的心像（mental pictures）皆為屬實。

我已經累積了無數這般經過證實的案例，因此，我清清楚楚地知道直覺溝通是真實存在的。我曾經以為那是科幻小說的情節或魔術花招，現在我知道它是一種實用的工具，而且在幫助動物上尤其有用。

在我目前所提供的多項動物服務中，最重要的是協尋走失動物。我就舉個例子吧。蕾克西是一隻母貓，她在紐約上州（upstate New York）走失了。當時正值暴風雪肆虐期間，蕾克西的友人認為她鐵定活不了了，但當我聯絡上蕾克西時，她給我的影像是置身於某個溫暖的地方。

隨後，她傳來一幅綠色公寓建築的圖像，並表示她正位在某個金屬物下方。她還顯示給我看，以她的友人的住處為起點，路線要怎麼走才能找她。在我以電話轉告後，她的友人立刻出門，並在蕾克西所描述的那個地點找到了她，那隻貓正舒適地窩在一個暖氣送風口前面。

常有人說，跟動物溝通的能力是先天的。雖然我的確將直覺溝通能力視為一種天賦，可是我不認為自己特別受到老天的眷顧。每個人都具有這種直覺溝通的天分！我們只是沒意識到而已。

小時候，我們很自然地會用這種方式跟動物溝通，可是隨著年紀增長，使用想像力或順從直覺成了不被鼓勵的事，最後這種能力就荒廢了。我的一個學生甚至記得，她是在什麼時候停止以這種方式跟動物溝通。在八歲時的某一天，她走路去上學，看到草地上有幾隻鳥。她發現自己再也聽不懂那些鳥說的話了，於是她對自己說：「啊，那一定表示我長大了！」

當你經由練習重新拾回這能力時，確認準確度是非常重要的。你必須能夠向自己證明這不是假象。有時候你無法核實你收到的訊息，便只能從你得到的結果來印證。若你面對的動物有行為或態度上的明確轉變，表示你的溝通準確而真實。

下面這個故事是這種情況的一個例子，這是凱倫的經歷，她是一名在動物溝通方面學有所成的學生。凱倫寫道：

我的馬在他三歲的時候右臀受了傷，騎著他跑步（canter，一種奔跑的步法）時症狀就會顯現。按照幾位訓馬師的說法，他以右前腳領步向右跑步時，動作順暢，可是以左腳領步向左跑步時，就變得顛簸不穩。左腳領步時，我很難保持平衡，每次這情況發生，我們都不好受。某天下午經過連番挫折之後，我打算要放棄，以後乾脆不要再嘗試向左跑步。但我念頭一轉，決定向我的馬請求協助。我即刻透過直覺聽到這些話：「你的右側坐挺，將更多重心放在你的右側坐骨，以這個方式在我背上保持平衡。」我深吸一口氣，照他說的去做，結果順利極了。從那次之後，騎著他以他受過傷的那一側跑步，再也沒有困難。

大部分人都被灌輸這樣的觀念：只有人類具有理性及豐富的情感。人們打從心底不相信其他萬物也有同等的感知能力，但從我跟動物相處的經驗看來，事實並非這麼回事。我很確定，動物的內在世界跟我們一樣複雜，也很確定每種生命形式都有其智力和靈性。到目前為止，我已經跟數以千計的動物進行過諮商，他們對我透露自己的情感需求，在他們的友人正視這些情感需求後，動物們都過得更好了。

我的一個學生也有過類似的經驗。她在一間動物收容所裡照顧一隻白色的公貓，那隻貓已經在那裡待了一段時間，開始顯露出邋遢跟悶悶不樂的樣子。我學生運用她學到的直覺溝通技巧跟那隻貓對談，他告訴她，他心情很沮喪，因為不行出去曬太陽所以沒人願意領養他。她問他怎麼會這樣想，他說，曾經有兩個人站在籠子旁邊，說了這樣的話：「這種白貓曬太陽會生病，不行到戶外去，應該沒人想要這種貓吧，不會有人想領養他的！」

那位學生四處打聽，發現幾個星期以前，的確有收容所的員工站在那隻貓的籠子外這樣子談論他。她立刻去找那隻貓，告訴他，他是隻可愛的貓，也可以出去曬太陽，只要有人幫他在鼻子上塗防曬乳就好了。我學生建議他，他必須設法找到一個願意天天幫他塗防曬乳的人。據說，那隻貓馬上精神一振，開始梳理自己的毛。每當有人走過他的籠子，他就會迎上前跟他們打招呼。不到一個星期，就有個覺得他好漂亮，也樂意天天替他的鼻子擦防曬乳的人，把他領養走了。

有些時候，動物的問題行為被認為是在鬧脾氣，其實是身體真的出了問題；藉由取得動物的觀點，這類問題經常能被揪出來。舉例來說，泰芮打電話來，請我查明為什麼龍舌蘭（一隻鹿皮色夸特馬）變得這麼不乖。她很喜歡龍舌蘭，可是別人一直告訴泰芮，龍舌蘭的脾氣不好，以後只會變得更糟，勸她賣掉龍舌蘭。她打電話給我，給了我龍舌蘭的名字並描述他的特徵，然後我開始進行直覺溝通。當我聯繫上龍舌蘭時，他明確清楚地傳給我這些話：「我的肋骨偏了，好痛！」接著他傳送給我一幅心像，在那心像裡他用鼻子指著他左側第四根肋骨的位置。

泰芮打電話來問我結果時，我告訴她這件事，並告知得到的訊息只是直覺印象，她應該要請專業的脊椎治療師（chiropractor）來檢查。那天傍晚，我接到那位脊椎治療師的電話，他驚訝得不得了，龍舌蘭左側第四根肋骨真的偏了。那位脊椎治療師想知道，我怎麼能在一千英里之外，連那匹馬的照片都沒看過，就知道這件事。我告訴他，我是運用我的直覺，也很樂意教他怎麼做，因為我確信任何人都能學會直覺溝通。經過治療，龍舌蘭又恢復成一匹情緒穩定、討人喜歡的馬了。

這類毛病在每一隻受馴養的動物身上都會發生，問題行為經常起因於未被察覺出的身體病痛。當動物有健康問題時，他們會試著透過直覺告訴我們。如果我們沒有收到他們的訊息，他們就會開始做大動作，引起我們注意。貓和狗可能會開始在地板和家具上排泄，或無端發怒。只要碰到這類情況，你就應該找獸醫來檢查，看看動物的身體是否出了問題。如果根源不是起於身體病痛，直覺溝通或許能幫忙解決問題。在你學會這個方法之前，可能會想要尋求專業動物溝通師的協助。

雖然我們不能夠像老祖宗那樣，輕鬆自如地與其他生命形式溝通，但直覺溝通的大門依然向我們敞開。這種溝通方式就跟視覺或聽覺一樣，是人類固有的能力。若要喚醒你的直覺溝通能力，需要的只是學習和練習。任何人只要想學，都能學會。這種能力是與生俱來的，我只是教你如何將它找回來，並有意識地運用它、精通它而已。這就是我希望這本書達成的任務。

這是一本循序漸進的入門書，引導你培養直覺溝通能力。就算你住在阿拉斯加一個與世隔絕、只能乘渡船到達的小島上，你也能拿著這本書，獨自學習跟動物與自然溝通。你不需要找很多練習對象或組織學習團體，雖然那樣也可以帶來幫助。我將書中的練習設計得輕鬆有趣，大部分的練習都有可以核實的答案，讓你能評量自己直覺的準確度。其中有些練習，將需要跟其他人所養的動物一起做，以便印證你接收到的訊息。

等你跟其他人的動物做過一些練習後，你將可以使用這些技巧來聽聽你自己的動物有什麼話要說。跟自己的動物溝通反倒困難，因為你已經太熟悉他們了，比較難保持客觀，你很容易會覺得自己只是在幻想。針對你在學習過程中可能遇到的障礙，我會提供詳細的解決對策。最後我也花了一些篇幅，談論如何跟野生動物、花園中的植物及大自然溝通。

這本書非常實用，提供了許多的練習題。在我的經驗中，直覺溝通最好的學習途徑就是實際去做。唯有藉著不斷的練習，才能向自己證明直覺溝通確實真實不虛。在你開始做這些練習之後，你也許會發現你想要跟在路上、在馬房裡、在朋友家裡遇見的動物做練習，所以，請隨身攜帶一本筆記簿。如果你想增進自己對直覺溝通的信心，記錄下成果和回顧學習過程是絕對必要的。

在本書的第一至四章，我將先交代自己踏入這個領域的過程，詳細解釋直覺溝通是什麼，討論準確度的問題，並提供幾則軼聞來佐證。在整本書中，我除了收錄了自己工作上的案例外，還有客戶、學生和同事們提供的諸多例證。

在第五至七章中，我將闡述一套傳達訊息給動物的方法，這套方法將增進你跟動物的關係，並協助解決你們之間的問題。然後，我會教你依循直覺接收動物訊息的方法，這難度會比傳送訊息來得高一些。你需要從基本練習開始做起，同時學習如何克服可能遭遇的心理障礙。

第八、九章則是幫助你精進此直覺溝通能力，讓你能自在地跟動物交流對談。等到累積出一些信心之後，你就可以開始活用這些技巧了。

接著在第十至十三章中，你將學習跟自己的動物溝通，並試著把直覺溝通融入日常生活中。你可以以生病或受傷的動物為練習對象，詢問他們的症狀。我還會教你，如何向不認識的動物詢問她前友人的事情和她過去的經歷。如果你願意的話，也可以試著去協尋走失動物，或跟一隻已故動物的靈溝通。

最後的第十四至十六章則是教你，如何運用已學到的技巧跟所有的生命形式溝通，包括野生動物、植物、河流和山巒。我列出了一些練習題，你可以透過這些練習，運用直覺跟自然界和地球本身的靈相互交流，幫助這個星球恢復健康。

我希望，藉著重拾跟動物和大自然溝通的能力，我們能再次學會跟這些與我們血脈相連的生命和諧共存。

第一章

我如何學會跟動物溝通

在我成長過程中，我並未意識到自己有能力透過直覺與動物交談。我是靠著研究和練習來學會這方法的，而我相信你也辦得到。我不認為在這件事上，自己比你更有天分。我開班教授直覺溝通已超過十年，還沒遇過有誰學不會。我和初學者唯一的差別，僅在於我投入練習與研究已經有一段時間。

自有記憶以來，我就一直對動物和大自然格外關切。秉持這樣的興趣，我進入加州大學柏克萊分校，攻讀資源保育學士學位。在大學期間，我患了嚴重的背痛，病情嚴重到不得不休學。可是，我沒有選擇接受手術，反而尋求非侵入式的替代療法，這讓我在大學課堂之外認識到了一群很不同的人。若非當時採取了不同的治療形式，從而接觸到一些身體工作者（bodyworker）、靈媒、靈療師等等的人，或許日後在聽聞到直覺溝通這概念時，就不會這麼敞開心胸地接受了。

在我參加的一個治療工作坊裡，發生了一件改變我人生的事，那就是我讀到了波恩（J. Allen Boone）的作品。工作坊的一個伙伴，建議我去讀一本波恩所寫的書，名叫《無聲的語言》（Kinship with All Life）。但是當我去找那本書時，卻發現已經絕版了。我最後是在一間公共圖書館的書堆裡，找到一本塵封的原版精裝本。印在封底裡的記錄顯示，最後一次借出是在一九五四年。雖然波恩的書之後又重新印行❶，在大部分書店都買得到，但是在當時，很少有人知道他。

這本書徹底改變了我，教我重新界定什麼是真實。在書中，波恩敘述自己如何認識一隻名叫「堅強」（Strongheart）的著名好萊塢德國牧羊犬。波恩被請去照顧那隻狗幾個月。在那段期間，他發現堅強比他聰明得多，更發現堅強懂得波恩所說、所感或所想的一切。在這樣的觀察下，波恩開始傾聽堅強的回應，並開始和堅強對話，而他成功了。這書文筆優雅又具說服力，但沒辦法讓人從它的內容窺知波恩的方法。即便如此，還是能讓我相信直覺溝通真實存在。在這之前，我只覺得那是一種幻覺，或是我最愛的幾部科幻小說的主題而已。

波恩讓我深感折服的是，他表達出一種社會上完全看不到的世界觀。波恩談到一切生命皆平等，並且主張萬物都會對真心的關切與尊重做出善意的回應，不管其生命形式為何。對波恩而言，生命形式之間不存在溝通的藩籬；他與堅強相處時所用的無聲語言，有著凝聚所有生命的力量。

從柏克萊大學畢業後，我在野生動物復育中心擔任主任，在那邊工作了大約五年。雖然這是份重要的工作，而且每天與野生動物互動很有樂趣，但我還是對動物與地球正面臨的問題感到憂慮，想要以更有力的方式給予幫助。我希望以科學家的身分有所貢獻，於是我到舊金山州立大學（San Francisco State University）進修，取得生物科學的碩士學位。加州中部的美國凱斯特森魚類與野生動物保留區（U.S. Fish and Wildlife Kesterson Reservoir）是我進行論文研究的地方，我在那裡研究農業徑流的化學殘餘物對鳥類生殖系統造成的有害影響。凱斯特森保護區裡的許多鳥生下來就是畸形，而沒有一隻畸形幼雛能活到成鳥階段。

研究所畢業後，我從事環境管制與復育的工作，主持環境評估、危險廢棄物場地清理和棲地復育計畫。這份工作很值得投入，但我還是覺得自己做得不夠，或者說，不是在做對的事。身為一名環境科學家，我的努力似乎太少也太遲了。在工作之餘，我是個環保鬥士（現在也是），但這樣我仍然覺得不夠。

一九八〇年代晚期，我決定參加一場靈境追尋（vision quest）。❷我不斷讀到與聽到許多關於地球氣候與生態變遷的事，皆起因於人類活動。我們這時代的霍皮預言（the Hopi prophecies）已揭示，如果人類能體驗到意識的轉換，與動物、自然和靈魂重新連結，大部分的災難便可以避免。❸我開始思考，該如何在現代世界促成這樣的連結。我決定參加靈境追尋以尋求指引，希望知道自己最適合用什麼樣的方式，促使這改變發生。

靈境追尋場地位於加州白山山脈（White Mountains），在前往那裡的途中，帶路人向我提起一位跟我住在同一區的女士，她有開設動物溝通的課程。這引起了我極大的好奇心，我想，要是我真能學會這項技能，那就太棒了。我待在沙漠裡的時候，一直不停想著這件事，並感覺到有股力量引導著我去從事這工作。

我參加完靈境追尋回來之後，立刻報名動物溝通課程，並開始研讀所能找到跟動物溝通這主題相關的書籍。我很快地發現，要學習這項技能可沒那麼簡單。事實上，我有一段時間學得還很辛苦，主要是因為我懷疑自己只是在幻想，因此深感挫折。

同樣令人洩氣的是，每當我告訴別人我在跟動物做溝通的時候，他們的反應總是否定與懷疑。那時是一九八〇年代晚期，大部分人認為用直覺跟動物溝通是愚蠢的行徑。身為一名科學家，我習慣被人們認真看待，而不是取笑。重拾直覺溝通的技能並非我唯一的功課，我還得學習這領域最大的功課——即使面對眾人的懷疑與不信任，仍需維持自信。

我現在了解到那段過程極為寶貴，為了獲取這項技能，我必須學會相信自己體會到的真實。在某種意義上，那些負面經驗也是助力，因為它們驅策我去尋找更簡易、更有效率的方式，來幫助他人認識這種能力。

某一天，我學習上的轉捩點翩然而至。那時我養了幾隻貓，但當時的室友對於動物溝通總抱持懷疑的態度。那天在我回家後，我室友跟我說：「你猜猜今天珍妮做了什麼事？」珍妮是我養的其中一隻棕色花貓，我室友整天都在家，所以他知道珍妮做了什麼。

我走到珍妮旁邊，閉上眼睛，透過心靈發問：「珍妮，你今天有做什麼嗎？」我即刻接收到一幅圖像，內容是珍妮在我家後院圍牆上，跟一隻松鼠碰鼻子。我以前從沒見過這樣的情景，我覺得怪極了。難道是我搞錯了？但不管怎樣，我還是要把它說出來。我跟室友描述珍妮傳給我的圖像，他目瞪口呆地說：「天啊！」然後他證實我所「看到」的，是今天確實發生的事。那是我第一次得到不容否認的確證，證明了直覺溝通的精準度，也證明了我真的辦得到。

我的室友又說：「那你問她，她們倆在談些什麼？」我照做，這次她傳給我圖像和話語。她說，她提醒那隻松鼠要小心其他的貓，她們不安好心，可能會傷害松鼠。她還說，她跟那松鼠有聊到松鼠寶寶，然後她傳給我兩幅圖像：一幅是胡桃，另一幅是掛在曬衣繩上的衣服。照這些圖像看來，我推想珍妮跟那隻松鼠也聊到了堅果和洗衣服。

從這一刻起，我開始積極地練習直覺溝通。我在上課的班級裡，組了一個學員練習小組，用直覺跟每個在路上遇到的動物交談。我會向野生動物詢問他們的習性，然後去查動物圖鑑，看看我得到的答案對不對。我會在公園裡訪問狗，然後跟他們的友人輕鬆攀談，藉此核對接受的訊息是否正確。每次我心生懷疑，隨即又換得一次肯定的經驗。

有一天，我去一個環保人士朋友的家，要跟她的狗談話。這位女士也是抱著懷疑態度，但她想了解我有什麼能力。幾番問答後沒得到什麼明確的結果，於是她建議我問她的狗，她最喜歡的活動是什麼。我問了這問題後，那隻狗拋給我一幅心像，呈現她坐在一張椅子上，戴著派對帽，面對一張餐桌，還有許多其他的狗也戴著帽子圍坐在桌邊，餐桌中央有個大大的紅蘿蔔蛋糕。

你能想像，我內心有多掙扎要不要說出這個圖像。我知道那不是我的幻想，但是當時我從來沒聽說過有狗狗生日派對這種事。我想，如果以後想要從事直覺溝通的工作，就必須說出自己接收到的訊息，不管那會顯得多愚蠢（這是從事這份工作會碰到的諸多挑戰之一！），所以我就告訴她了。然後她說：「喔，對呀，我們每年都替她辦生日派對，邀請她所有的狗朋友來參加，給他們吃紅蘿蔔蛋糕。沒錯，他們都會戴帽子，圍著桌子坐。」

我開始兼職做動物溝通師、開班授課，並接受私人諮詢，幫助人們解決跟動物之間的問題。最後，它成了我的全職工作。我見識到，只要人們體驗過以直覺跟動物溝通，對於世界的感知就會跟著轉變。地球上的每個動物，都成了跟人類同樣具有知覺和情感的個體。一旦你真正跟動物溝通過，就不可能再回到之前那種認為他們較為低等的想法。

早在一九八〇年代，我開始研究動物溝通時，涉獵這個領域的人還寥寥無幾，從事者也往往會遭到嘲笑。今日，已有許多人在學習動物溝通，全世界有千百萬人都聽聞過這種能力，甚至報紙和電視新聞也多有報導。動物的感知能力漸漸得到廣泛的承認，這帶給了我極大的鼓舞，即使傳統科學依然質疑它的真實性。現在需要做的，是讓更多的人受到啟迪，改變看待動物和地球的眼光。

第二章 開啟你沉睡已久的感應天線

每個人都有直覺能力，但大部分人沒意識到它。我的一位客戶琳達，就是個突出的例子。她在我的網站上看到這方面的資料，讀了幾本我推薦的書，然後輕輕鬆鬆就跟她的夸特騸馬「衝勁」做了直覺溝通。她分享了以下的經歷：

我最近得到一匹馬，名叫衝勁，他在牧場裡受了傷，從蹄跟到球節被劃出一道傷口。那個傷口兩星期後完好地復原了，可是他還是跛跛的。五週後我找了獸醫來，但他唯一的辦法是做神經阻滯（nerve blocking），把有問題的部位區隔開。我反對做這手術，決定嘗試跟衝勁談談看。我告訴他，我只是想知道哪裡在痛和為什麼會痛，因為他看起來完全復原了。稍晚，我走過他的牧場，突然間訊息清楚地浮現腦海：我看見他在跑繞桶賽（barrel racing）的圖像。看到這個景象的同時，我非常強烈地感受到痛苦、恐懼、挫折感和憤怒。我收到一個總結的訊息：衝勁不希望我們的關係生變。

我頓時情緒激動，大聲地說：「不！不！不！我不會在乎你能不能再跑繞桶賽，我以後絕對不會對你不好。」然後我收到一個感覺：他在擔心，他不想讓我失望或惹我心煩到對他發脾氣。我告訴他，我對他沒有任何要求，只希望看到他快活自在地在牧場上嬉戲，這樣我就放心了。我跟他一說完，他就走到牧場的小丘底下，翻滾幾下又站起來，然後發出嗚叫，拱背跳起，全速快跑到山丘頂端。衝勁從此沒再跛過一次！我們現在只練衝勁樂意練的跑法。

別再壓抑你的直覺

直覺屬於右腦的範疇，右腦主管創造力與情緒。直覺跟邏輯思考相對，和我們內在的第六感有關。每個人天生都有直覺感應能力，除非身體受到某種損傷。小時候我們無拘無束地使用它，不會擔心自己所說的、做的合不合邏輯或愚不愚蠢，做什麼都發自內心。我們善於接收直覺訊息，可以跟動物直接溝通。然而隨著年紀增長，我們被訓練要跟核心自我切斷關係，有意識地隔絕直覺性的、非邏輯性的訊息。成為大人後，我們還是會收到直覺訊息，也常常照它的指示行動，只不過這全是在潛意識或無意識裡發生。

我們壓抑直覺已經到了極其熟練的程度，因此它通常只在危機發生時出現。我的一位客戶告訴過我一個故事，可以用來說明這點。有一天她在開車去上班的途中，不斷在心中看到她家餐桌背面的影像。她覺得很奇怪，試著不管它，可是那個影像帶有一種危急的氣氛。她覺得她家裡可能出了什麼事（火災之類的），於是她掉頭，回家去查看。她到家後，發現她的貓癲癇發作，仰躺在地上，貓的目光緊盯著餐桌的背面。

這是直覺作用的典型例子，其中完全不涉及理性思考，沒有演繹或歸納的推理，沒有根據經驗的猜測，沒有任何邏輯。她不可能是靠著符合邏輯的方式在心中接收到那個圖像，然而那圖像是準確的。唯一的解釋是，那個訊息是透過直覺傳達給她。現在我已經聽過許許多多這類的經歷，有的是客戶告訴我，有的是學生（他們家裡的某個人，隔著遙遠的距離，憑直覺得知另一個家人或寵物在某個確切的時刻生病、受傷或生命垂危），因此我想這是相當常見的事。

有的人在接電話之前就知道是誰打來，你可能也是這樣的人，這就是直覺的作用。或者，你想到某個人，打電話給他，竟然發現他也正想著你，那也是直覺。任何你產生的預感或感應都是直覺。只要遇到曖昧不明的情況，你自然就會使用直覺。你往往靠著靈感或直覺來決定要走哪條路、要見哪個人，要選哪樣東西或哪個方法最好。

測驗你的直覺指數

做做下面的直覺指數（intuition IQ）測驗，看看你的直覺能力發展到什麼程度。下面的數字各對應於一種頻率，請用這些數字來作答。你在看每個題目時，請意識到，各個問題針對的那種能力，是你可能已經擁有的一種天生直覺能力，即使你沒有自覺地意識到它。

0——從來沒有

1——偶爾
2——常常

1. 你是否曾想起某個人，不久之後就接到那個人的電話或訊息？
2. 你是否曾在接電話之前就知道是誰打來（在沒有邏輯可解釋的情況下）？
3. 你能準確猜出他人的心情嗎？
4. 你能準確猜出動物的心情嗎？
5. 你可曾對某個人或某個情況感到疑懼（沒有明顯的原因），之後發現你的疑懼是對的？
6. 你可曾聽過動物透過心靈對你說話，或在心中看到動物傳給你的圖像？
7. 你可曾聽過別人透過心靈對你說話，或在心中看到別人傳給你的圖像？
8. 你是否曾確切無疑地感知到動物傳給你的情緒？
9. 你是否曾確切無疑地感知到別人傳給你的情緒？
10. 你的第一印象通常準嗎？
11. 你可曾強烈地（但不是出於邏輯）感覺到你應該（或不應該）做某件事，之後發現你的感覺是正確的？
12. 你是否曾篤定地認為某個人在騙你（沒有任何外在跡象），之後發現你是對的？
13. 你是否有過這樣的經驗：知道某件不可預測的事即將發生，或者知道某件事在遙遠的距離外發生（包括即將到來的死亡）？
14. 你是否曾感覺到某個看不見的力量介入，助你脫險（比方說延遲你的行動，讓你躲過一場事故）？

15. 你是否曾做過預言的夢？

16. 你的身體是否曾感受到別人（或動物）身體的疼痛和病症？（如果答案是肯定的，請你務必要讀第十二章。）

17. 你總是能看透他人的動機嗎？

18. 你是否覺得你的生活中存在著內在的指引？

19. 你是否容易產生預感、感應與對事物的印象（就算你忽略它們）？

20. 你的人生中有很多巧合嗎？

將你的分數加總起來，看看你的直覺能力落在哪個程度。

●0—13：你的直覺大部分還處於休眠階段。可能在你成長過程中，你被培養成了一個重視邏輯理性、嚴以律己的人，因而阻礙了你的直覺能力。這個結果只不過表示，比起一個從小被鼓勵訴諸直覺的人（或不得不自食其力生存的人），你得要多努力一點。你將特別需要練習第七章介紹的技巧：「心裡的批評家」。

●14—27：你的直覺技巧發展良好，你在日常生活中一直都有在使用它，雖然你可能沒有高度意識到。你或許不相信自己的能力，但你顯然經常憑著直覺做出準確的判斷。第七章介紹的技巧對你會有裨益，它們的作用是幫助你以更有意識、更規律的方式運用直覺，建立你的信心。

• 28—40：你具有高度發展的直覺能力，對於這點你可能也有自覺。有時候，落在這個類別裡的人會對自己的直覺能力感到困擾。你可能需要研究這本書裡的技巧，藉以增進對直覺運用方法的掌控，為的是讓你主導它，而不是讓它主導你。你在人生中可能遇過善用直覺的人，他成了你的榜樣，或曾有人鼓勵你培養敏銳的直覺。也可能你的人生中有過一個重大的經驗，打通了你對直覺的感受。

到底什麼是直覺？

「直覺」（intuition）這個詞涵蓋的領域很廣。它跟「通靈」（psychic）這個詞有一樣的意思（當兩者都作形容詞時），「直覺」可指任何超感官的知覺：在視覺、聽覺、觸覺、嗅覺和味覺這五種肉體感官之外感受到的東西。超感官知覺與肉體感官是並存的，當你以直覺溝通時，你將會用到以下一種或多種超感官知覺：

• 超視覺（clairvoyance）：字面意思是「清晰的觀看」。在直覺溝通裡，它指透過心眼看到影像或圖像的能力。它也指在完全無法以邏輯解釋的情況下，憑直覺知道過去、現在或未來的事情的能力。你能用這種直覺能力看到遠距離外的事物，比如說一隻迷路動物的所在位置。你還能用它來查出某隻動物以前的友人和經歷。

• 超感應（clairsentience）：意思是「清晰的感覺」，它指透過直覺感受到別的生命體的情緒或身體感覺的能力。感受到另一個人的感覺又叫做移情（empathy）。有時候人們動用這種能力時，會真實地感到自己的身體發痛，或不可自拔地深陷於他們接收到的情緒中。

- 超聽覺（clairaudience）：意思是「清晰的聆聽」，它指透過心靈之耳聽見話語的能力。這也被稱為心電感應（mental telepathy）。當你以這樣的方式聆聽時，所聽到的話語聽起來會像你自己說話的聲音。若是沒有進一步去求證，你可能很難相信那些話其實是來自你身外的其他來源。
- 超嗅覺（clairalience）：意思是「清晰的嗅聞」。它是一種比較不常顯露的能力，但有些人能得到非常清楚的嗅覺印象。例如：問一匹馬她最愛的點心是什麼，然後得到紅蘿蔔氣味或梨子氣味的印象。
- 超味覺（clairhambience）：意思是「清晰的嘗味」，它是取得味道的直覺印象的能力。例如：請一隻貓告訴你她最愛的食物是什麼，得到魚腥味的印象。

直覺型的人，邏輯型的人

從事直覺工作的人，通常被稱為靈媒或直覺感應師（intuitive）。醫療感應師（medical intuitive）專門查明一個人身體或情緒的狀況，再將他們得到的印象描述出來。對動物進行直覺工作的人被稱為動物溝通師（animal communicator），不過許多動物溝通師（像我）也跟大自然的其他存在物溝通。

心理學家蓓兒羅絲・納帕絲蒂（Belleruth Naparstek）在她的著作《超感官之旅》（Your Sixth Sense）中，訪問了超過四十位高知名度且備受尊敬的直覺感應師。❶她結論說，精於運用直覺的人通常都有個啟蒙的導師或模範。在一些案例中，重大事件（像是發生車禍），打通了人們對直覺的感應。另外，她也發現，有些人成為直覺感應師是因為在童年受過嚴重創傷，驅使他們向內心探求並依賴本身固有的能力。在重視直覺的文化中成長的人，例如今日世界各地許多原住民文化培育出的人，隨時能夠有意識地呼喚他們的直覺。

相對地，被灌輸嚴格的邏輯觀念、從事高度邏輯性工作的人，或在某種因素影響下被教導要否定直覺、將直覺視為禁忌的人，就比較不容易熟習直覺技巧，即使他們也跟每個人一樣擁有那種天生的能力。納帕絲蒂隨即指出，你不一定要有過瀕死經驗或被虐待過才能具備高度敏銳的直覺。許多讓心靈專注的技巧，例如瑜伽和靜坐，也能達到同樣的效果。

現今，受到吸引而踏入直覺領域的人，女性遠多於男性。我大部分的學生都是女性。我不覺得這是巧合，學習動物溝通與直覺能力的學生可能大部分是女性。男人在這方面，也能學得跟女人一樣好；我認為男人有著同樣程度的興趣，他們對動物的愛一定不輸女性。但我相信，講到直覺開發，男人會比女人遭遇到更多的社會阻力。

男性從很早開始就被訓練要有邏輯，總是被期望要以理性、客觀的態度來面對事情。在許多現代文化當中，這樣的特質已經在某種程度上成了男性的定義。另一方面，女人被人們認為是依賴直覺且缺乏邏輯的，且擁有豐富的情緒，這已經成了整個文化對女人的看法。這些角色區別只是文化成規，並非生物學上的事實，但這些區別一直以來不斷被強調，深植於人們的觀念裡。

於是，男人難以打破這樣的性格去做所謂「愚蠢」、「無意義」、「多愁善感」與「缺乏邏輯」的事情，譬如：研究動物溝通。教人們如何運用直覺在商場上致勝的課程，才可能吸引到較多男性參加。以動物和自然為對象的直覺溝通法逐漸受到大眾歡迎後，搞不好那樣的課程將來真的會出現。

心靈直覺感應與社會禁忌

為什麼「靈媒」這個名稱被人們以負面眼光看待？雖然的確有些靈媒不是很稱職，可是各行各業也同樣都會有差勁的從事者。這不能解釋加諸在這個名稱上的強大禁忌，癥結出在別的地方。我想到有一次我協尋失蹤的狗的事情。那位飼主是個住在阿拉巴馬州（Alabama）的婦人，她才剛將她的狗安置在北卡羅萊納州（North Carolina）的新家，不到一個小時那隻狗就脫逃，一路狂奔，穿越五線道的公路，讓人抓不到他。

打電話來找我協助的是搜救隊的人，不是那位飼主。當那位飼主發現他們委託一個寵物靈媒幫忙時，她大感震驚。她斥責他們做了一件如此愚蠢又可笑的事。結果，我通報的每筆資訊，不管是那隻狗的所在位置、花色還是態度，全都正確無誤。我感應到，那隻狗非但完全不感到擔憂、無助和徬徨（可是大家都這麼想），還建立了一塊地盤，正在繞大圈子巡行。我看到他輕輕鬆鬆就找到食物，感覺到他已經決定避開人們，靠自己獨力生活。

搜索過程顯示我提供的訊息是正確的。我還警告那隻狗遠離所有的馬路，他也照辦了。那位飼主來到北卡羅萊納州協助搜尋。雖然抱著疑心，她還是採用了我建議的搜索策略。不到一天，她就找回了她的狗。他在半夜走近她的轎車，直接跳了進去。事後，她打電話跟我說（操著一口美妙的阿拉巴馬腔），雖然她無法相信自己會說這些話，但她這輩子要當我的頭號粉絲。她從前認為只是無稽之談的東西，結果成了她找回狗的關鍵。

夠格的靈媒（有感應準確的事蹟記錄和操守良好的名聲），往往試圖擺脫靈媒的稱呼。他們比較喜歡被稱為直覺溝通師，因為靈媒一詞背負的負面印象太深了。基於這個原因，我也選擇將我所從事的工作稱為直覺溝通，而非通靈。有些負面印象是有根據的，世上確實存在著一些招搖撞騙的靈媒。

成為一位靈媒不需要有大學文憑，因此在這個領域混水摸魚的人，或許比其他更嚴謹的專業領域還要多。「靈媒直播」（Dial-a-Psychic）的服務資訊廣告也起不了幫助。然而，每個領域都有不夠格卻以某種方式勉強存活下去的從業者。想要找到一個有能力幫助你的靈媒或直覺感應師，有個最基本的原則，凡是服務業都適用：到處打聽，選擇有人親自推薦的，這樣子最保險。

科學與直覺

通靈能力最猛烈的批評者，科學家也在其列。在二十世紀早期，科學家們投注大量心力，企圖破除通靈的迷信。當代科學家們除了極少數例外，幾乎都不明就裡地摒棄通靈或直覺工作，認定它們沒有意義，不值得研究。

幸而在最近幾十年內，一些科學家（特別是物理學家）開始嚴肅看待直覺感應（或稱心靈現象）。這些科學家現在正在以科學方法研究直覺。他們慢慢發現，每個人都具有基本的直覺洞察力，而且透過直覺取得的資訊能達到極高的準確度。

物理學家羅素・塔格（Russell Targ），是在這個領域獲得最多成果的研究者之一。在一九七〇年代，塔格與他的同事查爾斯・普托夫（Charles Putoff）一同在史丹佛研究院（Stanford Research Institute），主持一項關於人類直覺能力的研究。❷在這些實驗中，研究者找來不具專業直覺技能的普通人，簡要地教導他們如何做「遙視」（remote viewing）——通靈或直覺能力的軍事用語。那時候相關的軍事實驗著重在憑直覺觀看的能力，因此強調遙視。

在一個實驗中，他們告知受測者，研究團隊的某位成員去了附近一個他們不知道的地方。他們請受測者猜猜那個地方看起來是什麼樣子，並要求他們畫出或以文字描述出那位研究人員可能去的地方，最飄忽不定的印象都要記下來，並抑制任何分析或詮釋的念頭。

有時候，受測者能夠精準描述或畫出那位研究人員的確切所在地。研究結果證實，受過極少訓練的一般人也擁有與生俱來的直覺能力。而受過專業訓練的軍方遙視人員，則能夠穩定維持七十五%的準確率。❸塔格接著跟美國軍方合作，進一步研究這類直覺能力，要求受測者找出空難地點和蘇聯祕密軍事基地。

塔格在他最近發表的著作《心靈的奇蹟》（Miracles of the Mind）裡，談論他多年來對於這個主題的研究。他將遙視能力界定為一種接觸宇宙智慧（universal knowledge）或集體潛意識的能力，他用的詞是「非區域性的心念」（nonlocal mind）。他說：「這個令人著迷但還未完全被理解的現象不只將我們彼此連繫，也將我們與整個世界連繫，它讓我們能描述、體驗與影響在時空中任何一處發生的活動。」❹

非區域性的心念的研究歸屬於量子物理學的範疇。塔格提到許多實驗，可證明量子互聯性（quantum interconnectedness，指所有物質的相互關聯性）的存在。研究者觀測一對光子的極化（polarization）情形，這對光子產生於同一個相互作用中，但往相反方向分離。他們由此推斷，一粒光子只要注視著另一粒光子，前者的極化作用就能改變，就算它們正在彼此遠離。

根據這些觀測結果，物理學家們做出一套假設，即所有物質都是有意識的、有知覺的，而且時時刻刻都在跟其他一切物質溝通。如此看來，這種動力學替我們的直覺能力做出了解釋，說明我們如何能在任何時候獲知想取得的訊息——我們只需要接觸集體心靈或宇宙智慧就能辦到。宇宙智慧的這種觀念，在印度教裡被稱為「阿卡西記錄」（akashic record）。

哲學教授克里斯汀．德昆西（Christian de Quincey）在其著作《激進的自然》（Radical Nature）中❺，分析並解釋了非定域心靈的觀念，可能是目前所找得到關於這主題最精闢的論著。德昆西詳盡闡述了所有物質皆具意識的論點，讀來耐人尋味。

蓋瑞．史瓦茲（Gary Schwartz）是另一位關注直覺研究的科學家。他在亞歷桑那大學（University of Arizona）教授心理學、醫學、神經學、心理治療和外科手術。他在哈佛大學取得博士學位，並在耶魯大學工作過一段時間，主持耶魯精神生理學中心（Yale Psychophysiology Center）與行為醫學臨床中心（Behavioral Medicine Clinic）。他的新書《靈魂實驗：死後生命的突破性科學證據》（Afterlife Experiments: Breakthrough Scientific Evidence of Life after Death），敘述了他針對這種現象所做的科學研究。❻那些實驗的設計皆符合嚴格的科學實驗程序，所得結果經過統計學分析。

在那些實驗中，訓練有素的直覺感應師被請來為他們不認識的人「讀心」。被讀心的對象不能被感應師看到，只能回答肯定或否定。實驗設定的條件越來越嚴格，受控制的要素越來越多。史瓦茲試圖證明，個別的直覺感應師會得到相同的讀心結果。同時，他想要排除掉任何作弊的可能性。在有關那本書的一場訪談中❼，他表示，他主導的那些實驗所得到的結果讓他相信，參與研究的那些直覺感應師是準確無誤且真實不假的。

科學、動物與自然

動物有感情或動物具有思考能力，常被人認為是無稽之談。我們所受的教育要我們不要將動物人格化，譴責我們將動物行為賦予情感動機。在人們眼中，動物是盲目地順應各種狀況依賴本能行動。大部分的動物愛好者知道，這樣的看法是不正確的。可是甚至連最堅定的動物愛好者，也經常對其他生命形式帶有某種程度的被大環境灌輸的歧視。

為什麼現代人跟原住民族的觀念如此不同，將動物與其他生命形式視為較低等的呢？一些研究過這個問題的學者指出，字母與書寫語言的發展，伴隨口述傳統的衰落，是古代文化遞嬗到現代文化的基本關鍵。❽他們論斷，書寫語言的發展在人類與大自然之間插進一層阻礙，導致我們現在的疏離狀態。我覺得瑪麗雅・金布塔斯（Marija Gimbutas）❾這位考古學家的解釋很有說服力。

金布塔斯記錄一支侵略性文化的興起到其最終的霸權統治，那支文化被認為起源於庫德人（Kurdish），大約七千年前它開始從北方沙漠侵入古歐洲。她追溯這場侵略的起因，推斷是因為北方發生嚴重旱災（在考古文獻中有記載），引發旱災生還者的遷徙與出征。這支侵略性文化幾乎全面取代了史前時期古歐洲，盛行的那種安定和睦、平等共存、崇拜自然的文化。它最後擴張到了其他大陸，將普天下的價值觀與信仰轉向對動物與大自然的剝削利用。❿

現代科學更將自然界的低等地位加以體制化。現代科學之父培根（Francis Bacon）認為自然應該要作人類的奴隸。⓫ 另一位現代科學的奠基者笛卡兒（René Descartes）相信動物是沒有痛感、沒有情緒的機器。⓬ 以我的個人經驗來說，不管是在大學還是成為專業科學家之後，我發現許多科學家（尤其是生物學家），對於其他生命形式所具有的能力抱持一種狹隘的觀念。例如，他們認為只有人類能感到悲傷或喜悅，能製造工具，並使用複雜的語言或自覺地做出利他行為。

有少數科學家挑戰這種現狀。傑弗瑞・梅森（Jeffrey Masson）和蘇珊・麥卡錫（Susan McCarthy）⓭ 做出了有力的示範，在他們探討動物情感生活的傑出著作中，他們採用軼聞資料來證明動物的複雜情感是真實存在的。透過一則又一則關於野生動物與受馴養動物的故事，由非專業人士和科學家娓娓道來，兩位作者提出了不可否認的證據，證實動物能跟我們一樣深刻地感受到悲傷、喜悅與憤怒。

然而，現代科學家堅信動物不可能有感情，任何探討這個問題的企圖皆遭到恥笑。自從達爾文（Darwin）寫了《人與動物的情緒表達》（The Expressions of Emotions in Man and Animals）之後[14]，一百二十多年來再也沒出現過真正嚴肅探討這個問題的著作了！

當人們談及動物具有情緒或主張直覺的可靠性時，科學總是噤聲不語，而軼聞資料突然變得不可信了。事實上，在許多科學研究中，軼聞資料是被當作有效證據的，跟上面所說的情形比較起來，科學界的這種態度落差格外讓人失望。在醫學領域，每當數據資料派不上用場，研究者必須仰賴主觀反應時，他們便會採用軼聞資料。

止痛藥物的研究即為一例。痛是一種完全主觀的現象。我們只能根據觀察到的舉止或個人陳述來推斷一個人是否感到痛。病人對於自己疼痛程度的形容會被認為是軼聞，這個詞的字面意思是「未發表的故事」。一旦這些出自於病人的「故事」被收集起來，在醫學刊物中以論文形式發表，它們就不再是軼聞，而成了個案研究，帶有科學事實的充分效力。

以醫學研究長期以來消化的龐大經費來看，如今想必有數以百萬計的研究涉及病人症狀的記述與追蹤，而這一切全都是奠基於病人表達他們不適程度的軼聞證據。可是，這類資料（被推斷出來的、間接的、主觀的資料）被運用在動物、自然或直覺研究時，卻變得不具價值。

科學界的這種抗拒心態可能有許多形成因素，其中一個重要的因素是，倘若人們相信動物與其他生命形式能夠產生強烈的情感，與人類是平等的，這麼一來，動物與其他生命形式也就必須受到平等對待。若是如此，現代生活的各方各面幾乎全都要改變，尤其是商業領域。如果我們承認動物能感到恐懼、悲傷、痛苦與憂鬱，我們就再也不能殘酷無情地利用他們做實驗，或實行工廠化養殖。

以動物與自然為對象的直覺溝通領域是一門新的科學，說它沒有科學研究的價值是很大的誤解。它或許不在傳統科學家可接受或願意探究的範圍內，但離經叛道的科學家們正逐漸發現它的迷人之處，看到它充滿希望的未來。

一定要用直覺和動物溝通

動物知道我們人類已經遺忘的智慧：與你的核心自我或直覺自我保持連結，可能有著生死攸關的重要性。最清楚的例子是，如果一隻原本友善、溫和的動物對某個人表現出激烈、不可解釋的憎惡，我們之後往往會發現，那個人在某方面是不可靠的。

瑪格．雷樹爾（Margot Lasher）在她的著作《動物會教你》（And the Animals Will Teach You）一書裡有談到這個現象。⓯她舉出幾個實例，敘述她的狗霍根（Hogan）警告她即將來臨的危險。其中一個事件是這樣的：霍根在門口給雷樹爾強烈而明顯的警告訊息，但她沒有改變主意，邀請了一個男人進到她屋裡來，要討論雇用他修繕房屋的事。他是雷榭爾的一個朋友認識的人，據說他人品端正。

他進到屋裡來後，平常會興奮地親近新客人的霍根，這時只凝定不動地坐在沙發一端，注視著那男人。隨後，霍根走到雷榭爾身邊，將自己擠到她跟沙發椅背之間，這是他以前從沒做過，以後也沒再做過的舉動。這時候，雷榭爾才恍然大悟，設法將那男人請出屋去。她之後發現他有在嗑藥，是個不可信任的人。

魯柏．雪德瑞克（Rupert Sheldrake）是少數關注直覺領域的生物學家之一。⑯這位微生物學博士，曾針對動物憑藉直覺知道他們的友人何時回家的這種現象，進行過研究。他採用統計學分析，並精密控制實驗條件。他重複拍攝一隻小狗，這隻狗有一個奇特的能力，就是他會在友人出現前十分鐘左右，自動去坐在門邊。所有可能的實驗偏差都被排除掉。那隻狗的友人照指示離開屋子，研究人員隨機給他一個返回的時間（有時候立刻回家，有時候整天都不回來，或其他不規律的時間）。那女士要遠遠離開家之後才會收到指示。

那隻狗單獨留在屋裡，攝影機不停地運轉。任何她可能會不小心提供給那隻狗的環境線索都被剔除，譬如車子的引擎聲，因而她是用走的。雪德瑞克發現，那隻狗預測那女士回來的能力，達到統計學上的高度顯著性。他甚至讓他的一個批評者執行實驗，結果統計數據一樣有顯著性。那隻狗憑著某種未知的方法，準確預測他的友人回家的時間。雪德瑞克研判，那個方法就是直覺。

事實上，動物都是直覺大師。不會有人告訴他們說，直覺是愚蠢的或只是幻想。動物沒有我們所承受的文化限制。他們隨時透過直覺交談，不只跟相同的物種，也跟不同的物種溝通。對他們而言，使用直覺只不過是五感的提升。他們仰賴直覺警告他們有危險，並幫助他們評估人、動物及各種情況。

動物能預測事件的發生，準確無誤地判斷一個人的真正動機，而直覺能力可以解釋他們是怎麼做到的。它也能解釋，為什麼在地震前動物會有反常的行為，以及為什麼協助犬（assistance dog）能知道他的友人即將癲癇發作。當你跟動物學習如何溝通時，你將是跟地球上最棒的直覺老師一起練習，這也是你將要用這本書來做的事。

練習時間

培養你的直覺感應力

這裡有三個練習，你可以用它們來培養你的直覺感應力。在你開始做這些練習前，先找一本筆記簿，你將用它來記下本書裡所有練習的結果。它應該要大小適中，也要夠耐用，可以讓你隨時隨地攜帶著；你可能需要做實地考察，每次去拜訪動物，跟他們交談時，也都要帶著它。

每章末尾都會有練習，請用這本筆記簿記錄你的練習結果。記得在每個正確的資料旁邊打個勾或做個什麼記號。這樣子你才能回顧你的成功記錄，方便你評估你的準確度。你需要這樣的評量系統來幫助你進步。

練習 1　猜猜看是誰打電話來

在你接電話前，試著猜猜看是誰打來。記下你猜的答案，留著作記錄。這個練習持續做兩個星期後，你應該能培養出相當不錯的準確度。到那時候，你可以試試看接起電話直接說對方的名字。

練習2 猜猜看某件事的結果是如何

在日常生活中碰到任何未知狀況，請你有意識地猜測它的結果，藉著這個練習來建立你的直覺。記下你對於任何懸而未決的事情的直覺猜測：運動比賽、某個作為的成功與否，或今天塞車會塞得多嚴重。

練習3 把自己的預感記錄下來

請全天隨身帶著你的筆記簿，記下任何飄忽而過的預感、關於未來的想像、對於某件事為什麼發生的臆想，或其他這類的直覺資訊。遇見任何令人困惑不解的情況時，你可以問問自己這個問題：「對於這件事，我的直覺（我的預感）想說什麼？」然後記下你的答案。一個星期後重看一遍你的筆記，看看你的直覺臆測有多準確。

第三章 傳送與接收訊息、心像、感覺

直覺溝通是一切生命的普世語言，不需要翻譯。利用這種語言，我能透過心靈以英語傳話給一隻住在德國、從未聽過英語的馬，而他能完完全全地了解我的意思。作為一種普世語言，直覺溝通具有許多耐人尋味的特性，那些特性是口說語言沒有的。

直覺是即時的，大量的資訊可以在不到一秒間被傳送。當這樣的傳遞發生時（並不總是會發生），資訊會以一種得知什麼事情的感覺出現。不知怎地，你就是在心中知曉某隻動物過去的一切經歷，或那隻動物出了什麼毛病。你立刻知道它，彷彿那筆資訊是被包成一顆球投到你這裡。

直覺溝通跟口說語言不同，它不受時空限制。研究直覺能力的科學家們正是以此為假設❶，也就是說，你可以越過遙遠的距離進行這種溝通，甚至使用你的直覺，透視未來或檢視過去的事件。

以我的諮詢經驗來說，我通常是透過電話或電子郵件跟人們洽談，然後隔著遠距離，聯繫位在世界各地的動物客戶。有一次我在歐洲上電視節目，一位動物行為學家（被請到節目中來質疑我）認定：我只是觀察肢體語言，根據我對動物的知識做出猜測。我反駁他說，我很少親眼看到我的客戶，甚至通常連動物的照片都沒看過。我只收到某隻動物的名字、年齡與特徵描述，然後我會閉上眼睛，想像那隻動物的模樣，宛如在眼前的一面大銀幕上看見他，藉此聯繫上他。這個過程，感覺有點像調頻率連上某個廣播電台。

我達成的聯繫，是心靈上與情感上的聯繫。本質上，我跟那隻動物形成一種即時相通的關係；在我們的直覺交流之外，我沒見過她，她也不認識我。經驗讓我曉得，要形成直覺聯繫，並不需要親身跟動物互動。我能肯定地說，透過直覺跟陌生動物建立起的關係，其強度相當於我跟自己的任何動物形成的直覺關係。

跟動物溝通的時候，我竭力避免根據經驗或常理猜測，試著純然專注於我的直覺帶進來的訊息。我收到的訊息常常是毫無邏輯性的，我不可能捏造出那樣的東西，也不會這樣做。只要碰到那類的訊息，幾乎可以確定是來自動物。

舉個例子，我受人請託跟一隻垂死的狗溝通，要問問他走之前有什麼想做的事。當我跟那隻狗聯繫時，他傳給我一幅幅圖像，呈現一片停了許多飛機的平原。我以為那些是玩具飛機。他只是一直顯示給我看飛機起飛和降落，說那是他想做的事。對我來說，這一點都不合理。我從沒遇過喜歡飛機的動物，而且我本身的觀念是盡可能讓動物遠離飛機，越遠越好。

因此我知道，這不可能是我幻想出來的景象。那隻狗身在美國東岸，而我住在西岸。我從沒到過那隻狗的家，不可能獲知任何有關他的事情。委託我的女士，從沒告訴過我那隻狗喜歡什麼。當我將我得到的結果轉述給她時，她告訴我，她的哥哥是位機師，常常帶那隻狗飛來飛去，那隻狗很喜歡坐飛機。

物理學家臆測，這種感知能力可以被用於檢視過去，為了佐證這點，我可以提供一個案例。我曾訪問過一隻已經往生的動物。其實這件事我挺常做的，而且我發現，這樣做可以幫助悲慟難忍、無法釋懷的動物友人。當我跟已經往生的動物溝通時，我是聯繫那隻動物的靈，憑著一段特徵描述或一張照片來產生直覺上的連結。

在這個案例中，動物是一隻貓，他告訴我兩件奇怪的事。首先，他說在他快死的那個星期，他的友人讓他樂不可支，因為她走到哪裡都帶著水。然後他告訴我，在他快死的同時，他的友人的母親也生了病。

我將這個資訊傳達給那位女士，她感到困惑。她想不透那是什麼意思，我們最後都認為我的感應一定是「失準」了。之後過了大約一個星期，她打電話來，說發現我終究是對的。在那隻貓在世的最後一週，那女士扭傷了腳踝，為了冰敷腳踝，她隨身帶著冰袋（被那隻貓形容成是水）。也差不多在那時候，她住在另一個大陸上的母親打電話來，跟她談她即將要做根管治療的事。

直覺溝通跟口說語言判然有別的最後一個特徵是，你不用怕干擾到別人。當你開口說話時，你得留意有沒有影響到別人。許多人一起同時說話也行不通，否則誰都聽不清楚在講什麼。但直覺溝通因為速度非常快，不會有干擾的問題。

我曾讓三十個學生在同一時間，對同一隻動物問相同的問題，過程順利。每個人都收到了回答，其中許多人得到的是可被印證的相同答案。我所觀察到的唯一一個溝通阻礙，是發生在被問的那隻動物對人們感到不安或害怕的時候。在這種情況下，動物會表達他們的不自在，要不然就是乾脆拒絕溝通，不跟任何人說任何事。

我幾乎可以保證，你和你的動物不論何時都能憑著直覺交換訊息。在魯柏・雪德瑞克關於動物與直覺的研究中❷，他發現一個有趣的現象，那就是，雖然我們不見得善於聽見他們的話，但至少動物們一定會聽見我們的話。他聽過許多人告訴他，每次到了要去看獸醫的時候，他們的貓就會突然消失。雪德瑞克跟幾位獸醫談過這個現象，發現一家獸醫診所甚至不給貓做預約。那家診所只建議民眾直接把貓抓來就好。

或許你會認為，你起身去開門讓你的動物進來，或去裝滿空了的水碗，是你自己想到要這麼做，但很可能你做這些動作，是因為你的潛意識收到了你的動物發出的直覺請求。有一天，我坐在電腦前打字，我的狗布萊蒂過來頂我的手肘，這是她平常的習慣動作（她的這個舉動總是能幫我把字打對）。通常，我會問候她一下，然後告訴她：「現在不行，我在忙。」

可是，那一天我竟然立刻從椅子上站起來。我心中出現一個意念，讓我覺得有隻動物跑出去了。然後，我產生必須要到前門去的想法。這全都是布萊蒂傳來的訊息。我走到前門時，門是開著的，有一隻狗跑出去了，已經跑到好幾條街之外。要不是布萊蒂告訴我這件事，那隻狗搞不好會遭到什麼意外。我能聽見她的訊息，而沒有直接叫她走開，這樣子真好。

透過直覺傳送訊息

跟所有的溝通形式一樣，直覺溝通是雙向的；你可以發送，也可以接收訊息。當兩個人關係很親近時，有時候會發覺他們可以「讀」到彼此的心。這是人類間直覺溝通的一例。因為動物都是直覺溝通專家，所以你傳送想法或感覺給一隻動物，幾乎都能被收到。然而，這不表示你傳送的訊息會立刻引起反應。如果你跟一隻動物在相處上有問題，你不能用這個技巧企圖對他施加控制；你只能用這個技巧來做協調，設法改善你們的關係。

以直覺傳送訊息的方式主要有四種：

1. 直接說出來：這個方法是用你平常說話的聲調和措詞，說出你想傳達給某隻動物的話。動物會收到你的意思。重點在於，你想要讓你說的話被收到，也相信你說的話有被收到。就算你懷疑你的動物是否真的理解你，也要試著撇開你的成見，把這當成是一個實驗來做，看看會發生什麼事。直接說出來的這種技巧也能用於遠距溝通。假設你去渡假，想要跟家裡的動物溝通，你可以直接對著他們說話，那些動物會憑直覺聽見你。

2.想著你的信息：你可以大聲說出你想傳達的意思，也可以在心裡想著它，兩者其實沒有差別。當你去馬廄看你的馬時，出聲對他說話怕會讓人覺得你像瘋子，這時候這方法便能派得上用場。凡碰到不方便製造噪音的場合，例如在動物表演會上，你就可以採用這方法。一般來說，想著你的信息比說出來更快，也更輕鬆，但它需要額外的聚焦與專注力。當你用這方法時，閉上眼睛防止分心會更順利。這時候，你的內心要保持這樣的意圖：傳送時，那些想法會從這裡移動到那裡，並且被理解。

3.傳送圖像：這個方法一般是要閉上眼睛，想像一幅心靈圖像或某個東西的影像，然後將那幅圖像傳給動物。如果你想要，你可以每次都用這個方式做直覺溝通。我喜歡用圖像，來向動物詳細地表明我想要什麼。例如，我可能會傳一幅圖像（幾乎就像電影）給一隻動物，顯示我希望她怎樣對待其他動物。你也可以用圖像，來問動物問題。例如，你傳給一隻狗一條小溪的心像，問她（以心靈傳送意念來發問）想不想進去泡水。然後你看著那幅影像（同樣像電影），看那隻狗會怎麼做。

4.傳送感覺：使用這種方法時，你要專注於一個特定的情緒或情感，然後透過心靈將它傳給動物，同時懷著它會傳到那裡的意圖。我都用這個方法，來安撫或安慰動物。當你必須跟你的動物分開時，這也是個對他們傳達關愛之情的絕佳方式。

你藉由直覺傳出的任何訊息，不論是什麼形式，打個比方來說，都會送進一部看不見的翻譯機裡，然後以一種可理解的形式輸出到對方那裡。不論你採用哪種傳送直覺訊息的形式，都沒關係，動物會以最適合自己的形式接收它。直覺溝通不受距離影響，不管你離想聯繫的對象是近是遠，都能傳送訊息。

透過直覺接收訊息

透過直覺接收訊息，可以用以下四種模式之中的任何一種：聽、感覺、看／覺知、聞或嚐。這些方式沒有好壞之分，也不會互相衝突。在我開始運用直覺溝通的時候，我主要是以話語和圖像感應。多數人剛開始，會對其中一兩種模式比較敏銳，但哪種模式比較強就因人而異了。

你也許會發現，你一開始只收到感覺的直覺訊息，這有時會讓人感到洩氣。但經過練習，你將會很快地培養出以各種模式輕鬆接收的能力。一旦你熟練之後，使用哪種模式就比較無關緊要了，因為訊息會以各種模式傳遞於你。你將更專注於你接收到的內容，而不是接收的方法。

對於每種模式，我在底下各附上一則故事（有我自己的故事，也有學生、客戶或同事的故事），來說明各種模式如何起作用。之後，你將以集中注意力的練習，訓練自己以各種模式感應。現在，我只想要帶你認識它們。

1. 聽

有些人馬上就可以憑直覺聽見「話語」，有些人卻覺得這是最困難的模式。每個人都不同。「聽」有可能是一種難以駕馭的模式，因為你聽見的話語，聽起來通常像你自己說話的聲音。因此，你很容易以為是自己在幻想。唯一的克服方法，是做可驗證的練習，這樣子你就不會否認你所得答案的準確性，或否認它們是來自於你身外。當你憑直覺聽見動物的訊息時，你可能會收到一個單詞，也可能收到完整的語句。等你熟悉這個方法後，那種體驗就像做聽寫。

關於以直覺聆聽動物說話，我最喜歡的一個故事是來自我的同事珍妮。一個朋友請珍妮照顧她的馬。珍妮去認識那匹馬，並聽朋友囑咐要怎麼照顧他。當那個女人在解釋的時候，珍妮在腦子裡清楚地聽見這些話：「牛都……」她看看四周，除了她朋友和那匹馬之外沒別人了。然後她聽見這個語詞：「好醜。」就在這之後，她的朋友立刻說：「喔，對了，不要帶馬上山；那裡有牛，他討厭牛。」

我的學生瑪麗曾寄給我下面的故事，敘述她聽見一隻動物對她說話的經歷。這件事發生在她開始上直覺溝通課之前：

在一個秋老虎來到的下午，我的人生意外發生美妙的轉變。丈夫丹尼和我開車經過一個商圈時，看到人行道上有一個動物救助團體帶著他們收容的動物，以臨時圍成的籠子關著他們。我們那陣子一直想要養一隻狗，所以決定去看一下。我有考慮一隻文靜的混種黃金獵犬（golden retriever），但沒有投緣的感覺。我轉頭去跟丹尼說話，就在這時候……我看到了他——一隻俊俏、黑白雜毛的小狗，有著大溜溜、充滿靈性的棕色眼睛。當他將鼻子貼近那道分隔我們的鐵絲網時，我蹲下來，端詳他的臉。我的心中瞬間閃過「就是我了！」這個念頭。我想也沒想，直接轉頭跟丹尼說：「就是他了。」丹尼皺起眉說：「他？為什麼？」

在這同時，當其他的小狗在吠叫亂竄的時候，說「就是我了」的那隻狗溫順地躺著。丹尼沒有被吸引，他想要一隻有男子氣概的威風狗。不過，在我的勸說下，他去詢問了工作人員。我相信我們一定會是盡責的養父母，可是當那女人勾選評估表時（住家有院子（否），白天在家（否）），我的信心消了下去。我們立刻被打回票。抱著受挫的心情，我們勉強去逛街買東西，但心中沒辦法忘掉那隻狗。

丹尼看得出來我有多沮喪。「我們回去再試一次吧！」他說。這次是另一個工作人員值班，他愉快地同意考慮我們。可是，他說有另一對夫妻已經認養了那隻狗，而且還有另外五對在等候名單上！我們傻眼了。不過，我還是堅持填我們的資料。我們留下手機號碼，拜託那個女人，如果結果有變一定要聯絡我們。儘管徒勞無功，我竟然開始怪異地感到有希望。

我們繼續逛街。差不多一個小時後，我們接到手機電話。丹尼立刻應答，我聽見了他聲音裡的興奮。他掛電話時咧嘴笑著說：「他是我們的了。」我們匆忙趕回去，認領我們的小男孩，我們把他取名叫克爾西。那位工作人員解釋，原本要認養克爾西的夫妻改變心意，收容所希望我們領走他。我填完文件後，丹尼蹲下來，克爾西跳進他的懷抱裡，也跳進了我們的生活裡，永遠地改變了我們。

2.感覺

這種直覺感應形式，可能對大多數人而言是最容易的，特別是在初學的時候。比方說，你問一隻你不認識的狗喜不喜歡小孩。你收到的回應，可能是一份隱約的負面感覺，或者感到冷，或者感到一閃而過的氣憤。這些感覺都可能是在對你表示，那隻狗或許不喜歡小孩。

你也能以這種模式，感應到肉體的感覺。比方說，你問一匹馬有沒有肌肉僵硬的問題，然後你瞬間感覺到下背部發痛。在你進一步檢查後，可能會發現，那匹馬身體的同一個部位有某種病痛。我教導人們查問動物身體狀況的時候，會鼓勵他們學習隔著距離評估對方的肉體感覺，而不必讓自己的身體承受那些不舒服的刺激，這樣子做起來會愉快得多。

如果你本身有善於移情的特質，使得你容易感受到別人的症狀，你可以使用一些技巧將這些能量從你體內清除掉。❸你可以訓練自己不要接收對方的能量，同時還是可以有效地運用直覺幫助生病或受傷的動物。這個主題在第十二章會更詳細地討論。

另一個學生絲達爾，曾寄給我她運用直覺找回走失的狗的故事。你會發現她大多是以感覺的模式來溝通。她寫道：

一天清晨，一隻胖胖的、可愛的狗出現在我家門口，氣喘吁吁。唉，她當然氣喘吁吁，這個小母狗一半是鬥牛犬（pit bull），一半是大肚豬！整個五十五磅重的她爬到我的大腿上，想要舔我的臉。我知道她走失了，我請天使們幫幫我找到她的家。他們直截了當丟給我的答案是：「喂，你會動物溝通吧？把她放進車裡，帶她回家不就好了！」喔，好吧。於是我將她放進車裡，開車下山，開上公路。我問她：「你住的地方在左邊，還是右邊？」我明顯感受到一個往右的推力，所以我右轉。我繼續沿公路往右開，然後我注意到她盯著一棟屋子。

「你住那裡嗎？」我問。我收到一個「不」的感覺。「但你知道這棟屋子，對嗎？」我問。我收到一個「是」的感覺。於是我轉進那棟屋子所在的那條小巷，然後她開始盯著巷子再過去的另一棟屋子。我問她那兩個一樣的問題，這次我聽到她說：「對，我知道這房子。」我停車，一個親切的老人走出來。「不好意思打擾您，先生，您認識這隻狗嗎？」聽到他的回答，我的心情雀躍起來，他說：「是啊，我知道她是誰的狗。她以前常來找我！我進去找找電話號碼。」這就是我找到她家的經過。原來，她住在她第一次注視的那棟屋子的後方。

3. 看／覺知

看與覺知（knowing）是同一種模式的兩面，兩者都關係到超視覺，或「清晰的看」。當你以這種模式的「看」來感應時，你會發現眼睛閉著比較好做。你憑直覺收到的圖像會像單張的靜物照片，或像電影的畫面。往往幾幅簡單的圖像，就能傳達豐富的訊息。

舉個例子，曾經有位女士打電話來，請我查明為什麼她的馬在表演賽上表現這麼差。當我跟那匹馬交談時，我查不出什麼真正的問題。那匹馬似乎相當滿意，沒有不舒服的地方。但是在整個對話過程中，我一直收到一隻灰貓的影像。當那女士又打來時，我告訴她，我查不出有什麼地方不對勁。然後我問她，她是否能解釋，為什麼我一直看到一隻灰貓的影像。「喔，對，」她回答：「那隻貓跟我的馬總是黏在一起。他們一起吃，一起睡。他們相親相愛。我想起來了，他們唯一分開的時候，就是那匹馬去參加表演賽的那段時間。」賓果！

再舉一例，有位女士要我問她的馬喜不喜歡新馬廄。那匹馬傳給我一片綠油油的大牧場和一座白色馬房的圖像，然後告訴我，他「比較喜歡老地方」。那位女士證實，我描述的那幅圖像與他的舊馬廄相符。

當直覺訊息透過覺知傳來時，你就是知道。你不曉得它為什麼出現或從哪出現，它就這麼跳進你的腦子裡。有時候，那會有點讓人不知所措。

我在工作當中，經常體驗到覺知感應。最近，一位客戶打電話來請我查明為什麼她的馬練不好盛裝舞步（dressage）。當我聯繫上那匹馬時，整個狀況即刻向我湧現。我「知道」問題是什麼，並發現自己正快速寫下長長一串對於這狀況的敘述。在這種「覺知」模式中，感覺就彷彿我很了解那匹馬，能夠輕鬆描述他的感受，以及他的生活中正發生什麼情況。

我所查到的主要癥結是他的訓練師，依照我的判斷，他當時以負面態度對待那匹馬。我篤定地認為，這位訓練師一直勸那女士賣掉那匹馬，說那匹馬「不是盛裝舞步的料」，又說他「不可能有什麼出息的」。當然，我那時只是依賴直覺「覺知」來判斷，我還沒有證據。但是，在我回報給那女士我的發現之後，她證實了每件事。她說那名訓練師抱著負面態度，而我所查出的那些話，他都有跟她說過。

我的客戶很高興找出了問題所在。她根本不想賣掉她的馬，於是她找了一位能欣賞那匹馬的新訓練師，現在她和她的馬做訓練時狀況都不錯。這個故事也顯示，動物真的能聽見指向他們的想法和話語，並且會對這些想法和話語做出反應。

4. 聞與嘗

我跟走失的動物溝通時，常常會收到嗅覺和味覺的直覺印象，因為我會特別問起跟這類感官相關的問題：「你有聞到過什麼氣味？你目前所在的地方，聞起來是什麼味道？你吃過什麼？它嘗起來怎樣？」我曾跟一隻從紐約市公寓跑出來的貓聯繫，請他告訴我，他在目前所在位置能聞到什麼氣味。我得到的回應是「類似魚腥味」。結果發現，他被困在隔壁中國餐廳的地下室裡。

在最近的一堂課，我要學生們詢問彼此的動物，查出他們最愛的食物是什麼。這類訊息，常常會以味覺或嗅覺的形式經由直覺傳來。有個學生問一匹她不認識的馬這個問題，收到梨子味的印象。原來，梨子是那匹馬點心排行榜的第一名。

找到自己偏好的感應模式

之後做各章的練習時，你可能會發現你有偏好的感應模式，像是我偏好的模式是「聽」。每當我在諮詢過程中遇到瓶頸時，我就會請那隻動物以言語告訴我，出了什麼問題。有時候，我會聽見那隻動物連說一個字詞三次作為回應。如果我得到那樣的訊息，結果幾乎都是準確的。不管你喜歡哪種感應模式，只要記住，你可以要求訊息依你選擇的模式透過直覺傳遞給你。在接下來的幾章，我將詳細說明方法。

練習時間

透過直覺傳送訊息

做做看這些練習，體驗看看傳訊息給動物是什麼感覺。每個練習都做兩次。第一次跟你身邊的動物練習，第二次跟位在別的地方的動物練習，也許跟朋友或親戚的動物。當你嘗試用那四種方式傳送訊息時，請記得要想著你所傳的東西正被接收到，保持著這樣的意圖。

練習 4　請寵物為你做一件事

練習用口說的方式對動物說話。告訴她一件你想請她替你做的事。

練習 5　用意念傳遞你對寵物的欣賞

想著那隻動物讓你欣賞的特質。然後用心靈，將你欣賞那些特質的那股意念傳給她。你的心靈表述可能會類似：「我欣賞你的聰明和美麗。」閉上眼睛，想像那個意念飛過空中，傳到那隻動物那裡，被她收到。

練習6 在心中傳遞一幅影像給寵物

傳給那隻動物一幅影像，內容是一個你知道她喜歡或猜想她喜歡的物品，像是某一樣點心或玩具。閉上眼睛，想像這個物品。接下來想像那幅影像越過空中，送到那隻動物那裡，跟你在「練習5」做的一樣。然後想像那隻動物能看到你傳的影像。

練習7 傳送愛的感覺給寵物

傳送一份愛的感覺給動物。閉上眼睛，在心中想像一份愛的感覺。將那份感覺傳過空中，從你的心傳到那隻動物的心。想像那份感覺正被那隻動物收到。

倘若你做這些練習時得到一些奇怪的結果，無需驚訝。你的動物聽得見你的訊息。當你傳給你的狗她最愛的玩具的影像時，她可能會直接跑去撿它。當你傳愛給你的貓時，她可能會靠過來，窩在你的腿上。你跟動物溝通，他們會有所回應。

我曾經跟我的馬做過這個練習，我收養他的時候，他正處於情感封閉的狀態，不曉得如何釋放感情。「我希望你願意給我一個吻，就像其他的馬那樣。」我對他說。然後我想像他給我一個吻。就在這時，他將脖子伸過圍欄，給了我一個我所收到過最大的、最濕的馬吻。這差點讓我不敢再向他索吻！

第四章
有多準？驗證你的準確度

準確度在直覺溝通裡永遠是重要的。但你要怎麼驗證你收到的訊息是正確的呢？有時候，你可以從動物的友人那裡得到印證；有時候你也許會看到動物的行為，在你們做完溝通後產生戲劇性的改變。然而，在你真正核實你得到的資料之前，你唯一可靠的選擇是相信你所感應到的，就算它看起來不合常理。這點常常很難辦到，就像「紅」的例子，他是蘇珊飼養的一匹十七歲的夸特馬。

蘇珊打電話找我的原因是，紅被套上籠頭與騎乘時的表現越來越糟糕。他很排斥頭部接觸，使得她必須將籠頭拆開才能給他戴上。裝上馬鞍後，他會有旋轉、驚跳的反應，騎乘已經變得不安全了。最近，紅在被綁著的時候做了騰身動作，因此受傷。一些人建議蘇珊把他綁在柱子邊，罰站幾天，教他不能排斥頭部接觸，或用束縛和硬式口銜把他的頭壓下來。她不願意採用這些嚴苛的方法。

蘇珊在《全馬誌》（Whole Horse Journal）的一篇文章裡，看到關於我的介紹❶，因而在無計可施的情況下，將最後的希望放在我身上。她已經請過兩位獸醫來檢查紅，他們找不出任何身體上的毛病。

然而，當我透過直覺跟紅談話時，他明確地告訴我，他的問題出在身體，不是情緒。他說，他的頭和脖子痛得不得了，而且他的牙齒非常不對勁，可能遭到感染了。他想要我告訴蘇珊，他為他的行為感到抱歉，但他的嘴很痛，他無法忍受嚼口銜。他希望可以跟蘇珊一起馳騁，但籠頭一戴上去，他就感到痛不可耐。

我知道每個人都以為紅有情緒問題，但我必須將我從他那裡得到的訊息據實以報，講給蘇珊知道。我沒有線索可以判斷，我感應到的準或不準。我建議蘇珊找一位馬科身體工作者來診斷紅的頭與脖子，我的朋友羅琳達是有證照的馬科激痛點肌肉治療師（equine trigger-point myotherapist），羅琳達檢查紅的時候，說紅的頭和脖子的上側很硬，那是她所見過情況最糟的。他幾乎沒有關節活動度（range of motion），他的淋巴結整個腫大。她覺得紅可能正承受著極大的痛苦。

羅琳達花四天治療紅，漸漸讓他能放鬆肌肉，恢復一些柔軟度。她懷疑他牙齒的問題持續引起他的緊張，並建議蘇珊找一位馬科牙醫來檢查紅的牙齒。那位牙醫發現，紅的三顆下臼齒被他的上排牙齒磨成一團，造成了他極劇烈的疼痛。等紅的頭部、脖子和牙齒的問題都被解決後，他又能馳騁了，也能接受戴籠頭了。

直覺真的可信嗎？

我發現，若有人打電話來託我查出馬跛腳的問題，我通常能說中那匹馬偏重使用哪條腿。我也經常能確定委託人的失蹤動物的所在地點。這樣的成功率來自於多年的練習，與不斷精進直覺溝通技巧。我對這種現象也不再感到驚奇。然而我無法想像，若是失去這麼一種振奮人心、聽起來不可思議的能力（且事實證明它常常為人們和他們的動物帶來莫大幫助），我無法想像失去這種能力會是什麼情況。

可是，雖然直覺溝通可以達到很高的準確度，它卻不是永不出錯的。直覺判斷是一種必須磨練的技巧。在你初學階段，準確度不穩定是必然的。即便到了現在，我有時候還是會失準，甚至完全錯誤，而我一定會事先警告人們這一點。我會告訴我的客戶，我給他們的訊息是否可被證實無誤，他們需要做最後的裁決。

我還沒碰過，有哪位聲名卓著的動物溝通師會宣稱自己是完全準確的。一般來說，他們所宣稱的準確率大約從八〇到九〇％。我相信我的準確率在絕大多數情況下也差不多是這樣，但這只是粗略的估計，不是嚴謹的計算。我知道我在感應走失動物時，準確率會變比較低，大概是因為走失動物常處於心情低落的狀態，而且他們的處境可能會一直變動。

可佐證直覺溝通準確性的大部分資料，都是軼聞性質。這種溝通並非在受控制的實驗室環境中進行，因此科學界傾向於否定它，認為它是不可靠的。雖然，設計一個嚴謹的實驗並執行它，以統計學方法測試直覺溝通的可信度，是個很好的做法，但我覺得，即便是具有統計學意義的資料，固執的懷疑者也還是不會相信它。果不其然，雪德瑞克以預測主人回家的狗為實驗對象的統計學研究❷，並沒有得到它在科學界應得的重視。

這裡有一個我所謂軼聞證據的例子。在一個進階班裡，我請一位學生芮妮跟我的貓海柔說話，詢問海柔來跟我住之前的生活情況。芮妮聯繫海柔時，得到的印象是：

我看見一片靠水的破舊地方。附近有間小餐館。感覺起來海柔是落單的，好像被丟棄在這裡。她必須找到食物。那裡有船。我看到她直直走向你，尾巴豎起來。她知道將會跟你一起回家。我看到幾個圓桶，幾個大圓桶，灰色的大圓桶。我為什麼一直看到圓桶？我為什麼接收到「毒」這個字？

這個時候，芮妮張開眼睛，想要知道海柔的過去實情如何。我告訴她，我是在一個船屋碼頭執行工作時遇見海柔，那個地方在加州奧克蘭港（Port of Oakland）。我被派去清理一批來路不明的五十五加侖圓桶（有幾個是灰色的），我們懷疑那些圓桶裝著有毒物質。當我抵達時，海柔從那些圓桶之間出來，直直走向我，喵喵叫著，尾巴高舉向上。看到她的時候，我對自己說：「我要那隻貓！」原來，海柔是隻流浪貓，正在尋找食物，碼頭旁邊正好有間餐館。

懷疑直覺者的說法

懷疑者總會想出一些說詞來攻擊這樣確鑿的證據，這令我感到很訝異。他們不會承認這個實例能證明海柔和芮妮是透過心靈交換訊息。懷疑者會說，芮妮可能問了我巧妙的引導性問題，藉此取得正確答案。可是芮妮並沒有問我任何問題，她只是跟海柔說話，然後敘述她的直覺印象。

姑且不論芮妮是不是在做「冷讀」（cold reading，巧妙地誘引我說出正確答案），懷疑者也可能會議論說，她是運用邏輯推理，根據過去的經驗與訓練做出幸運的猜測。可是，我只有告訴芮妮海柔是隻獲救的貓。若是憑邏輯推理，芮妮應該會猜說我是在動物收容所得到海柔，因為大部分被援救的貓是從收容所來的，或是在超市前的動物認養攤子被贈送出去。

芮妮若是憑著經驗猜測，是不可能得到那些正確資訊的。那麼她還可能用什麼其他的伎倆呢？我的看法當然是沒有什麼詭計，也沒有什麼幸運的猜測。芮妮跟海柔說話，海柔也跟芮妮說話。就這麼簡單。在我心中，主觀的、軼聞性質的證據，就足以證實直覺溝通的可靠性。讀一讀下面的案例，看看你能否同意。

在動物溝通課的一個練習小組裡，我請學生們聯繫我的馬狄倫，只靠著他的一張相片。他們從沒親眼見過他，也沒參觀過他的馬廄。我提議問他幾個不同的問題，其中一個問題是：「你對貓的感覺怎樣？」小組裡只有一個學生懂得一些關於馬的知識，所以其他人對於這個問題，並不具有可憑經驗做出猜測的基礎。結果，他們全都得到一模一樣的訊息。

狄倫給他們的回答是，他擔心踩到貓，還有他不喜歡貓跳到他背上。只有狄倫和我知道，他的馬廄裡有一隻喜歡馬的貓，那隻貓會在他們的腳邊走來走去，逮到機會就跳到他們的背上。事實上，她在那個星期才剛跳到狄倫的背上過。熟悉馬和貓的人也許會懷疑這樣的事，但這的確不是典型農場貓（barn-cat）的行為。這種事情誰都無法憑常理猜想出來，更別說那些學生了。

在我替一位女士安排的個人訓練課程裡，我們又拿狄倫來作溝通對象，這次是親自面對面。我告訴她狄倫的訓練師名叫蒂娜，請她查出狄倫對蒂娜的感覺。那位學生閉上眼睛，跟狄倫聯繫，然後睜開眼說：「有兩個蒂娜。」他告訴我有兩個名叫蒂娜的訓練師。一高一矮。為什麼會有兩個蒂娜？這是什麼情況？」那位學生完全說對。我忘了狄倫之前的訓練師也叫蒂娜。那位學生也說對了她們的外貌，其中一個蒂娜是高個子，另一個身高中等。

還有另一個例子。一位住在德拉瓦州（Delaware）的女士打電話給我，請我幫忙找她的狗查克，他在散步時不知道溜到什麼地方，就這麼失蹤了。當我透過直覺跟他聯繫時（遠從加州），他告訴我他還活著，可是被困在一片淺灘中，動彈不得。然後一幅完整的場景，在我心中展開。

我看見查克坐在水中，位在一條長緩坡的坡底。我能看到兩道人工堆疊的石牆在他近後方會合。在心靈的視野中，我往後並往上走，遠離這個場景，並且能夠看到那位女士該走哪條路，從她家到達石牆這裡。當她打電話來時，我給她這些資訊。她說，她知道我描述的那個地方，但她已經找過那裡了。我建議她再去查看一遍。她去了，而且在一位朋友的勸說下，她繼續往坡下走，走得比上次更遠一點，遠得剛好足以看見查克坐在靠近石牆的淺灘中。

就我記憶所及，我從沒去過德拉瓦州。我當然沒有去查那位女士所居城鎮的衛星影像，也沒有找住在德拉瓦州的人替我去勘查，好讓我可以對這位女士說些聽起來可信的話。我根本不可能憑常理，建構出透過直覺收到的那些資訊。查克的的確確對我顯示了他的所在位置，而他的友人因此得以解救他，並帶他回家。

從結果來判定成效

當你以直覺跟動物談他們的行為問題時，需要看他們的行為改善與否來印證準確性。諾曼的例子就是如此，他是一隻巴吉度獵犬（basset hound），之前搬來我住的城市。諾曼對於搬家感到不滿，每時每刻都在嗥叫，幾乎沒有間斷，快把他的友人逼瘋了。這個情形持續了三個星期。他的友人落得睡眠不足，焦慮不已。

他們就住在我家這條街，因此我走到諾曼家，跟他面對面相處三個小時，為他做身體工作（bodywork）、傾聽他，並進行協調。我從諾曼和他的友人那裡了解到的狀況是，諾曼的舊家在北加州的荒野地帶，諾曼每天早上都會離開家，悠遊於廣大的地域中，做許多有趣和重要的事，晚上就回到舒適的家裡。他有自己的生活。然後他搬到城裡，家裡只有小小一方院子。他過得很苦悶。

在溝通過程中，我和諾曼做最多的是協調。我提出一些可以幫助他增進生活樂趣的點子，然後他對我的建議做出回應。他最後同意接受，他將替他的友人在新家周邊做一系列的差事。這些工作將讓他有被需要的感覺，同時取代他在舊家給自己指派的那些工作，例如：在他的地盤上遛達和探視鄰居。他的新工作之一，是每天跟一個人去查看消防隊和郵局，確定那裡的一切都穩穩當當。

另外，他也要支援他的友人經營事業，給她精神上的支持，幫助她維持清晰思考，做事更有條有理。我將這些例行差事寫下來，把它們貼在諾曼家的冰箱上。他的友人要提醒他做這些差事，遵守他們這一方的義務，並讚美他把自己的工作做得這麼好。諾曼也希望跟友人約定每個月都能回舊家一趟，在他的老地盤玩耍。從那天之後，嗥叫停止了，諾曼成為一隻快樂、行為端正的都會犬。

再舉一個行為問題的案例。貝絲為了她的狗莎拉打電話給我，說她對來訪的客人都很凶，甚至對親戚也是。我跟莎拉溝通時，發現她被前友人虐待過，導致她無法信任貝絲之外的人類。我向莎拉解釋，她可以透視一個人的心，來判斷她能否信任對方。我也告訴她，以後只要有客人來訪，貝絲都會先提醒她，清楚說明那個人的背景，包括那個人看起來是否正直可靠。我跟莎拉說，要知道客人能不能被信任，只要抬頭看貝絲就好，貝絲會告訴她的。

那次溝通過後，莎拉產生了明顯的變化。她不再表現出充滿敵意的樣子，而只要有客人來，她就會明顯地抬頭觀察貝絲的眼睛，確認那位客人是沒威脅性的。事實上，貝絲過了一陣子才想起我跟莎拉立下的約定；剛開始的一兩天，她一直疑惑為什麼莎拉動不動就要抬頭看她。

為什麼直覺感應會失準？

若要啟動你的直覺，你必須暫時擱下以邏輯和過往經驗來理解事物的習慣。依照往例，初學者問動物問題時，傾向於排除掉不合常理的訊息，企圖生出合理的答案。但直覺溝通所要求的是，完全順從你的意識流。你的大腦唯一該執行的任務，是辨識傳入的訊息，確認它有被記下。

得知狄倫不喜歡貓在他背上的那些學生，確實收到了這個訊息，可是他們沒有記下它，而是立刻想要壓抑它，因為他們以為自己搞錯了。他們大腦皮層裡的警察說：「那太奇怪了。不要說出來，因為你會出糗的。」這是初學者普遍會有的反應。我們長年訓練自己適應社會，作個正常的人，以理性面對各種情況。但直覺溝通要求你做的事，卻完全牴觸這些運作了一輩子的習慣。長久養成的習慣是很難克服的。我有時候還是會不知不覺地脫離直覺，進入理性分析，因而出錯。

另一個降低準確度的因素，是事前從動物的友人那裡得知太多資料。要是知道太多，就很難讓心靈像一面白板，不帶成見地接受訊息。這也是為什麼我都會警告我的客戶，盡量少說關於他們動物的事。接到走失動物的案子，我會要求他們別跟我說，他們懷疑發生了什麼事或任何人所做的猜測。

你的身體狀況，也會影響直覺溝通能力。如果你很疲倦，當你閉起眼睛跟動物聯繫時，你可能會開始打瞌睡。你的身體這時候是很投機取巧的，抓到休息空檔就會乘機補眠。所以，你必須養足精神來做這件事。嚴重的疾病、飲酒、用藥過度、攝取太多糖與加工食品，都會使你難以達到直覺溝通所需的專注力。

你可能會這麼想，如果經常運用直覺，人會變得「飄飄然」；但事實恰恰相反，你會變得更腳踏實地，更身心合一。想想看，絕大多數動物是多麼腳踏實地，他們都是直覺溝通的大師。我發現，直覺溝通能讓人直接回歸自己的身體。

荷爾蒙的變化，也會影響直覺溝通。醫師蒙娜麗莎・休茲（Mona Lisa Schultz）在其著作《直覺覺醒》（Awakening Intuition）中，深入討論過這個現象。❸ 她說女人過了更年期之後，會更貼近自己的直覺。

前軍事研究家喬・麥克莫尼戈（Joe McMoneagle）專門教授「遙視」——直覺溝通的軍事術語。麥克莫尼戈發現，一天之中的某段時間是運用直覺最有效率的時候。根據他的說法，有些軍事研究家發現，在當地恆星時間（Local Sidereal Time）或太陽時間（solar time）十三・五時前後的那一個小時時段，受測者達到高準確度。太陽時間是採用二十四小時的計法，但比我們普通的時鐘落後幾分鐘，並且會隨著經緯度而變。❹他們也觀察到，當太陽黑子出現時，參與研究的受測者明顯發生直覺能力減弱的情況。❺

不過，有時候出錯是找不出原因的。不管能不能找出原因，你都應該以平常心看待失準的發生。如果你期望太多、太心急或對自己要求太高，你會受到挫折，不想再繼續學下去。倘若你得到一個不合理或看起來有誤的回應（就算有人堅決地告訴你那是錯的），我建議你別先下定論。切勿懷疑自己失敗或怪自己愚蠢無能。

這時候你要對自己說：「嗯，我想知道為什麼會收到那樣的訊息。」我之所以做這樣的建議，因為可能會有人告訴你，你收到的訊息是不正確的，但搞不好其實是別人記錯了。你所發現的事，也許最後會被證明是正確的。客戶常常打電話回來給我，說我所給的資訊終究是對的。

我想起一位學生，她上過一堂入門課之後深感挫折。她在課堂裡跟一隻狗練習，那隻狗告訴她，他好喜歡自己的紅床。但當她向那隻狗的友人求證時，她被告知，那隻狗並沒有紅床。隔天那位學生來上課時，那隻狗的友人進到教室裡，手裡抱著一捲紅色睡袋，說她完全忘了她的狗白天睡的床，是後門廊上的一條紅色睡袋。

有些事情是無法求證的，因為根本得不到證實。如果你跟一隻往生動物的靈交談，他告訴你的某些訊息或許可以得到證明。譬如，你可以問他關於他生前的種種事情，然後去求證這些事。可是，在你探索靈界時，沒有人可以替你仲裁真假，而這其實並不要緊。這個過程，對於哀慟失去伴侶的在世者幫助非常大，因此，當你在那隻動物與他所愛的人之間擔當溝通的橋梁時，成不成功，你內心自會明瞭。

等你做到後面章節的練習時（與野生動物、植物和大地的靈溝通的練習），你得到印證的機會將會變少。所以，我們一開始將先以受馴養的動物為溝通對象，問些答案可被驗證的問題。

第五章 寵物真的聽得懂我的話嗎？

在我踏入這個領域以前，我就有跟動物說話過，可是我不曉得他們實際上聽懂多少。我們每個人都被灌輸過這樣的觀念：跟人類相比，動物是較低等的生物，他們能理解我們的程度必然有限。由於我已經有動物溝通的經驗，我現在相信，我們跟動物說話，他們能完全了解，而且也能領會我們對他們懷有的每一個想法與感覺。

關於動物能理解我們的這個事實，我最喜歡舉的故事來自一篇加拿大的報紙文章。❶報導中談到一隻名叫皮耶的貓，他有一個古怪的習慣，他會跑到各個鄰居那裡，把他們的衣服和床單帶回家給他的友人。皮耶的友人會將那些衣物洗乾淨，放到屋後門廊的籃子裡，通知鄰居們來認領。鄰居們開始將髒衣服放在屋外，讓皮耶來取。皮耶的友人說她買洗衣皂花了很多錢。皮耶所帶回家過的最大一樣東西是一套絨布床單，被他拖到車道中間。

有一天，那位女士的女兒來作客。這兩個女人跟皮耶坐在客廳，這時她女兒提起，她忘記帶慢跑服來了，她很失望沒辦法去跑步。母親轉頭跟皮耶說：「皮耶，聽到了嗎？何不幫她找一件慢跑服來？」她們兩人大笑。女兒對皮耶說，如果他能搞定的話，她想要一件暗紅色的慢跑服。隔天早上，一件暗紅色慢跑服出現在客廳地板上，恰恰是女兒的尺寸。

說話時，當作動物聽得懂

我建議你試試這個溝通實驗，看你要跟自己的動物或跟朋友的動物做都可以；接下來兩個星期，保持這樣的信念，相信動物完全了解你說出口的一切話語和你對他的每一個想法和感覺。我知道這是個觀念的挑戰，但把它當成是個實驗吧。我猜等你做過這個實驗之後，你會發現動物開始以很不一樣的態度跟你相處，你所目睹的改變將會令你感到妙不可言。

你說的是哪種語言，那隻動物有沒有聽過你所用的語言，或你是否只是將一個感覺或想法傳送給那隻動物而沒有說出來，這些其實都不要緊。你發出的每個訊息都會被傳給那隻動物，因為那是你的意圖，而且它會被翻譯成那隻動物可理解的形式。有的動物溝通師聲稱動物的直覺能力有限，只能藉著影像傳送與接收訊息。根據我的經驗，動物透過直覺發送訊息的能力如果沒比人類好，至少不會比人類差，不管是話語、感覺、意念或圖像他們都能運用。

我常建議我的客戶試著做這個實驗（跟動物說話當作他們聽得懂），至今我收到過幾百則回應，向我述說這個實驗的效果有多好。在此舉其中幾個實例。黛寶曾寄來這則關於她的母馬「明星」的故事：

> 我有六匹馬，其中一匹不喜歡上拖車。她是一匹上了年紀又跛腳的母夸特馬，她總是排斥搭拖車。我們最近買了新的地產，必須把馬兒們遷過去。我在你的網頁上讀到跟動物說話的方法，我決定對明星試試看。在搬遷預定日的兩週前，我開始跟她提這件事。我跟她說，她不能留下來。她全部的朋友都會離開，到時候她必須上拖車。從那次之後，我每隔幾天就會再跟她說一遍，提醒她搬家的日子快到了，我希望她能夠勇敢，跟我們一起去。她看起來真的好像在聽我說話。
>
> 運馬的日子終於來到，我決定先運明星和她最好的朋友。我將她的好友帶上車，然後給明星套上韁繩，提醒她我們之間做過的談話，告訴她那個日子就是今天。結果那個老小妞幾乎是拉著我到拖車那裡，然後直接跳上去！我們到新家把她放下來之後，她表現得好像很驕傲自己是第一批到這裡的馬。當我帶其他的馬過來時，明星挨在圍籬邊，對著他們嘶嘶叫，彷彿在說她已經把這裡都巡過了，是個好地方！

吉娜在一個炎熱的夏日，對她的貓丫頭試了這個溝通法。她走進浴室，發現丫頭躺在浴缸裡，便對她說：「丫頭，今天好熱，我真的覺得你去儲藏室會比較舒服，那裡比較涼快。你要不要試試？」她的反應令吉娜大吃一驚：丫頭果斷地站起來，走過工作室，到儲藏室門邊，將鼻子伸進儲藏室裡，好像要嗅什麼味道並測試溫度，接著她抬頭看向吉娜，彷彿在說：「不要。我不覺得有比較涼，媽。」然後丫頭掉頭回來，回到她喜歡的浴缸小窩。

將你的動物視為與人類平等，以這種態度和他溝通，這個方法在你應付動物的行為問題時也能派上用場。若要達到效果，你說話必須發自內心，毫不保留地吐露你對這個情況和那隻動物的作為的感想。你可以說出來，如果這樣做你覺得比較舒服；或者閉上眼睛，純粹想著或感覺你想傳達的訊息就好。兩種方式都能讓你的動物了解你。

解釋你為什麼希望那隻動物改變，描述你的期望與未來的夢想。試著在溝通時維持平等的態度，要協調談判，而不是下最後通牒。提出一些激勵辦法（給個獎賞或答應為他做什麼事），來鼓勵那隻動物做到你期望的表現。等你在之後各章學到如何傾聽動物說話後，這個談判過程會成為雙向的對談，但現階段它是單向的。

把所有問題都談過之後，最後向你的動物說這麼一句話：「這是我希望發生的事。」然後閉上眼睛，想像你最想要看到的結果是什麼樣的場景，宛如電影畫面。如果你不擅長視覺化的想像，只要想像事態發展如你所願的感覺就好。你的動物會收到這片期望的模板，並準確了解你想要的是什麼。

當然，這個溝通技巧不能取代完善、實際的訓練課程，它不會神奇地將你的動物變成乖巧的天使。但它能幫助改善情況，甚至有時候會帶來戲劇性的轉變。

米恩娜用這個新的溝通方法，跟她的溫血（warmblood）騸馬談話，就得到了這樣的效果。那隻馬名叫貝爾，他做訓練的時候狀況不是很好，而在盛裝舞步表演賽中，他因為太緊張，總是表現得很差，落到最後一名。我做直覺溝通諮詢時，常常建議人們一些解決動物不良行為的方法，告訴他們哪裡可以替他們的動物找到專業協助。針對行為問題，我都採取我所謂的「大雜燴法」：我會把跟動物溝通的過程中，憑直覺想到的每一個做法轉達給那隻動物的友人，也會盡量提供從過去類似案例中學到的有用方法。當我跟貝爾對話時，他抱怨盛裝舞步的練習很無聊。

在談話過程中，我也逐漸發現他和米恩娜都會對比賽焦慮。我建議米恩娜在練習時跟貝爾說話，告訴他，如果他練習表現得很好，不用一再重複做一樣的動作，她就會帶他去看驢子（他喜歡驢子），或帶他去走一段鄉野小徑。米恩娜照這方法做，結果貝爾的練習表現幾乎可以說是一夜之間脫胎換骨。

對於表演賽，我建議米恩娜給貝爾和自己服用急救花精（Rescue Remedy，一種有鎮靜作用的花精配方）❷，練習在騎馬時讓呼吸減緩並加深，並持續不斷地提醒貝爾，她唯一在乎的是他們可以享受這個過程，他只要盡力就好。

在下一次的表演賽，她實行了這個計畫。戴馬鞍時，她一直跟貝爾說：「不要緊張，這只是熱身。」她說貝爾走出馬廄時，背部柔軟、頭部放低、耳朵放鬆，熱身進行得順順利利。她透過心靈安撫貝爾，傳給他這個想法：他只要盡全力她就滿意了。

結果，他之前在表演賽固定會犯的老毛病，完全沒出現。表演賽結束時，她和貝爾贏了兩項冠軍、一項亞軍和高分勛帶。他們帶著獎盃離開會場時，知道貝爾之前有怯場障礙的朋友們全都起立鼓掌。她說貝爾露出了燦爛的笑容。

現在每次遇到問題，米恩娜都會試著傾聽貝爾，她還會試著解讀他給她的信息，以便為他做調整。用她自己的話來說：「我試著讓他感覺像個搭檔，而不是奴隸。現在我懂得，怎麼引導那匹馬發揮他原有的潛力了。」

動物有在聽嗎？

跟動物做直覺溝通時，我幾乎每次都閉上眼睛，而且溝通的動物通常不在旁邊。因此，我不曉得那隻動物感應到我的時候有什麼外在反應。可是人們打電話來詢問我時，這是他們第一個想知道的事情。他們會問：「我需要把我的動物帶到電話邊嗎？她是不是要醒著待命？你今天早上八點有跟她說話嗎？因為她在八點整的時候停住動作，頭抬高高地坐著，就這樣坐了二十分鐘。」

其實，我從來不擔心動物有沒有注意我。溝通時，動物不需要靠在電話邊或乖乖坐在我前面。直覺溝通甚至在動物睡覺時也能進行，它跟口說語言真的很不一樣。

不過，關於動物如何對直覺溝通反應，我可以提供幾個觀察。在我的班上，來參加的動物大部分是狗。有時候整間教室都是狗，因此，在我採取比較明智的做法，稍微隔開狗學伴們之前，可能會發生胡鬧、亂吠、吵架的狗兒們占據整間教室的情況。但是，不管狗兒們多麼興奮，當教室裡的人們閉上眼，開始進行直覺溝通時，每隻狗都幾乎是馬上變安靜並躺下來，通常也會跟著閉上眼睛，屢試不爽。

我有過許多次，對一群貓做到府諮詢的經驗。我到達時，每隻貓咪都散在各處，可是當我閉上眼睛開始工作時，他們全都冒出來，坐成一排盯著我看。我發現跟馬做直覺交談時，他們大多會靠近我、垂下頭並閉上眼睛。

有一次，我在一匹馬的牧場裡，坐在一張椅子上。我跟她說話，她依然繼續吃草。我閉著眼睛，但不時會睜開眼寫筆記並看看她。在談話過程中，她提起一個話題，還說那是「她一定要說的最重要的事」。在那一刻，我感覺到她的嘴就在我的手上方。我睜開眼，發現她正專注盯著我的臉，好像想要說：「你聽到了嗎？這是最重要的事啊！」

跟動物進行遠距交談

隔著遠距離做直覺溝通，就跟面對面做直覺溝通一樣容易。我經常跟世界各地的人一起工作，卻從沒親眼見過他們的動物。我大部分是透過電話工作，只收到關於某隻動物的描述，甚至連照片都沒有。如果是國外客戶，我幾乎完全以電子郵件聯絡。不管是面對面、透過電話或透過電郵，溝通結果似乎都是一樣地準確。

舉例來說，何小姐從香港寄電郵給我，問我一些關於她的狗咖啡的問題。其中一個問題是，她想知道咖啡喜歡和不喜歡什麼。咖啡告訴我他喜歡草藥、跟他的友人睡在床上、浴缸、人的腳、去別人家作客和水果點心。他不喜歡變老、牙痛、貓和雨。何小姐回信說：「他就是這樣！我的咖啡就是這樣！」

當你不得不離開你的動物，不管是因為出差還是旅遊，這時如果你會遠距交談，你跟動物的聯繫就會很方便。我的一些客戶發現，這種溝通是解決分離焦慮的一個有效辦法，狗就是一種普遍容易犯「分離焦慮」的動物。碰到這種情況，我建議你在出遠門前先跟你的動物談談。告訴他們你要去哪裡，為什麼要去，會去多久，什麼時候會回來。以平常的方式說話就好，就像是在跟一個人講話。

我相信動物跟我們一樣，能懂得時間的概念。所以你可以說：「我會離開六個小時左右，差不多今晚五點回來。」類似這樣的表述在溝通上是沒問題的。不需要說明太陽方位在哪，或你回家前月亮會起落幾回！之後，在你離開期間，要在心靈上與情感上跟你的動物聯繫，你想多常聯繫都可以，傳遞你的關愛，敘述你在做什麼事。還要提醒她，你什麼時候會回去。

我總是建議我的客戶，去接觸整體獸醫療法。根據我的經驗，自然飲食和整體療法能培養出更快樂、更健康、更鎮靜的動物。碰到分離焦慮特別嚴重的案例，我會勸客戶找按摩師來給他們的動物按摩，藉此幫助他們穩定情緒，同時也試試花精和草藥。這些方法曾在許多案例中，被證明是有效的。

如果你計畫出差或渡假，在預計出發的那天以前，就要提早跟你的動物解釋你這趟旅程的詳細情形。告訴你的動物你為什麼要離開，以及她為什麼不能跟著去。告訴她你出發和返回的日期，說明你不在的時候她會受到怎樣的照顧。然後，向她保證你會從遠方跟她說話，並履行承諾。

與往生的動物交談

我相信，人能夠透過直覺與往生動物的靈溝通，我就常常替客戶做這件事。不過，在那些案例中，與我工作的人都深信動物有靈魂，所以他們相信我所做的事是真的。如果你不相信這是可能的，你可以略過，直接跳到下一節。我沒有辦法向你證明這是真的，你也並非一定要相信才能跟動物做直覺溝通。如果你相信這個觀念，你可以用後面的練習去體驗看看。

不管動物已過世多久，你都能跟她的靈交談。如我們所討論過的，你所說的任何話語都會被那隻動物聽見。等你練習過聆聽動物說話，你跟動物的靈談話就能成為雙向的交流。

練習時間

假設寵物聽懂你的話

這裡有幾個我之前提到過的練習。請依你自己的學習步調做這些練習，並務必在你的筆記本裡記錄你得到的結果。

練習8 與寵物以平等的態度進行對談

用兩週時間做這個實驗：對你的動物說話，當作他們聽得懂你說出口的一切話語，也理解你對他們所懷有的一切想法和感覺。同時，相信他們的演化程度和智力跟你一樣，也要相信你面對的是跟你地位平等的生物，儘管這些生物跟你很不一樣。注意動物的行為有沒有因你做的實驗而改變，你只要把你在動物身上觀察到的每一個變化，都記下來就好。

練習9 把你的期待傳遞給寵物

如果你的動物有行為問題，試著用交談與協調的方式處理。找個時間跟你的動物安安靜靜地相處。從你心中傳愛過去，即使那個情況讓你生氣。打個比方來說，試著將怒氣留在門外，好讓你跟你的動物重新建立關係。解釋清楚你對這個情況的感覺是怎樣，說話要發自內心，當作你是在跟一個地位平等的人類說話。告訴那隻動物，為什麼你對這個情況會有這樣的感覺。跟她討論，如果這情況不能解決，你考慮要怎麼做。請她做到你希望看到的表現，提出激勵辦法來勸導她遵從。

現在閉上你的眼睛，確切想像（藉由感覺和圖像）你希望發生的事。告訴你的動物：「我希望情況是這樣。」最後再傳一次愛。每週至少做一次這樣的面談。如果那隻動物的行為有任何進步，不管進步多少，你要大大地給予回饋（讚美、點心、禮物）並且繼續實驗下去。在筆記簿裡記錄你得到的結果。

練習10 跟寵物進行遠距溝通

當你因為出差或渡假而離開你的動物時，你可以在任何時候透過直覺與她聯繫，傳送關愛之情和簡短的心靈問候給她。你還可以讓她知道你過得好不好，讓她放心，並告訴她你預計返家的時間。如果你要旅行很久，你可能會想要做一次比較長的交流，那麼你就要找個安靜的地方坐著，閉上眼睛，想像或感覺你的動物就在你面前。

說那隻動物的名字，並且傳愛給她。然後你可以說出聲來，或傳送意念，表達你過得如何，以及離返家的時間還有多久。你也可以跟她說你不在的時候希望她做什麼事，並傳給她一幅家裡一切安好的影像。如果你樂意，這樣的交流天天都可以做，但至少每週要做一次。

練習11 跟往生的寵物聯繫

你可以跟你過去相伴過，任何一隻已故的動物做這個練習，甚至你三歲時養的貓也可以。獨自坐在一個安靜的地方，閉上眼睛，想像那隻動物；想像你感覺到或看到她在你面前，說那隻動物的名字並傳愛給她。

現在，說你心中想說的任何話。如果你為了某事對那隻動物懷抱著歉疚，就好好地把那件事說清楚。請求她原諒你，給你一個原諒的表示。如果你還是傷心，無法走出悲慟，那就告訴她這個情況，請她幫助你再次重拾快樂。不管以前有什麼來不及說的話，現在都可以說，並請她以某種方式讓你知道，她有聽見你說的話。

練習12　請寵物幫忙解決問題

如果你在生活中遇見難題（刻薄的老闆、難搞的案子、微薄的存款），試看看請你的動物幫忙解決那個問題，或幫助你達成目標或滿足願望。結果會讓你吃驚的！以實驗精神嘗試這個做法，看看會發生什麼事。我的朋友佩特拉聽到這個點子時，立刻去找她的貓湯姆，跟湯姆說她已經厭倦了公寓生活，想要在鄉下買一棟舒服的房子。不到一個月，她和丈夫某個週末到鄉下旅行時，恰巧看到一棟房子，對它一見鍾情。

他們發現自己無法抗拒買下那棟房子的欲望，這件事卻完全不在他們的規劃之中。我們不確定這場巧合是不是湯姆促成的。或許他幫忙讓佩特拉的夢想上達天聽，就像我們祈願時所做的那樣，想像她置身於一棟鄉間小屋，請求宇宙協助實現它。

第六章

接收訊息時的基本技巧

大多數人只要經過一點指導，就能學會以直覺傳達訊息給動物，真正需要鑽研和練習的部分是直覺感應。有時候，感應會自然而然地發生。許多人跟我說過他們意外聽見動物對他們說話的經歷。不過這樣的經驗往往捉摸不定，且難以掌控。要更穩定地收到訊息，你必須做點努力。

我的一位朋友佩蒂寄給我這個故事，講述她聽見她的貓說話的經驗，這經驗徹底改變了身為獸醫佐的她與動物的關係。

維吉是一隻八歲的阿比西尼亞貓（Abyssinian cat），跟其他四隻貓一起住在我家，但很少進到家裡來，喜歡自己去打獵或去其他熟悉的地方流連。她是個優秀的獵手，常常把戰利品放在門墊上，顯示她的戰績。正因如此，她的反常行為引起了我的注意，她變得愛待在屋內，到處跟著我，常坐在我腳邊並直盯著我看。

直到某一天，她又盯著我看，我問她有什麼不對勁。我開始對她的關注感到不安，因此懷著沮喪和憂心詢問她。然後我竟然在腦子裡聽見一個回應：「我的肚子有問題！」

那些話語聽起來是我熟悉的內在聲音，但那句陳述的措詞絕對不是我的習慣說法。令我感到詫異與驚奇的是，我不可能對這個問題做出這樣的判斷。身為一位有執照的獸醫佐，如果要做診斷，我的專業知識與經驗會讓我說出完全不同的話。

隔天，我帶維吉去我工作的診所，請獸醫師檢查她。醫師沒發現任何值得注意的問題，也不認為她有腹部的毛病，因為她的食慾跟體重都正常，也沒嘔吐症狀。為了保險起見，我們讓她照X光，也找不出問題。

我的憂慮還是沒消除。醫生願意做一次探查性手術以解除我的疑慮，我接受了。那天下午，他替她開刀。結果令我們大吃一驚，她的胃被癌細胞占據。她還能照常飲食而沒有嘔吐，令人感到不可思議。同樣不可思議的是，我頓時了解到她傳達給我的訊息是直截了當、精確無誤，勝過獸醫師和我的專業判斷。

這個經驗在我跟維吉之間開啟了一道門，在她生命所剩的幾個星期裡，我們彼此相通。我們經常聊天，聊的話題遠遠超過瀕死的貓和悲傷的主人之類的東西。最後，我們都出奇地平靜，並順從這段過程和結果。她讓我知道她什麼時候要「回家」，而我讓她走。

以直覺感應接收訊息

在這一章，你將學到以直覺接收訊息的基本技巧。接收訊息時，你將會用到下列的一種或多種感應模式（對於這些模式更深入的介紹請回顧第三章）。

- 聽：透過心靈接收話語（大多數人收到的話語聽起來會像自己的聲音）
- 感覺：從動物那裡收到對於某個事物的情緒或身體感覺
- 看／覺知：閉著眼睛看見具有訊息意義的圖像，以及突然知道你問動物的問題的答案
- 嘗：收到味道的直覺印象
- 聞：收到氣味的直覺印象

該選用哪一種感應模式？

一般來說，人們第一次嘗試以直覺接收訊息時，他們的感覺或移情感應是最敏銳且最容易運用的。要以這種模式接收訊息，你可以先問動物一個問題，在心中默問或把問題說出來都可以。舉例來說，請一隻動物告訴你他喜歡什麼東西，然後專注於你的內心。注意你收到的所有想法、直覺、印象與感覺，一個不漏地記錄下來。

當你以感覺模式感應時，你會收到清清楚楚、不可否認是動物正體驗到的感覺。我想起我跟琳達的馬「波」溝通的經驗，他是一隻被救回來的馬。我幾乎是一跟他連結上就感受到真切的悲傷，彷彿我快哭了。當他和我交談時，我得知他之前所遭受的

虐待。我試著透過溝通減輕他的憂傷。之後琳達跟我說，她跟波相伴時，也會感覺到悲傷，有時候甚至哭出來，卻不曉得原因。

我還是初學者的時候，我發現我最強的訊息接收模式是聽與看。我之所以會發現，是因為我特別注意訊息是透過什麼方式傳遞給我，不管是感覺、話語、圖像或別的模式。由於我聽到的話語聽起來像我自己的聲音，所以一開始很難相信訊息是從我身外來的。等到我開始做可驗證的練習後，我才有證據證明我聽到的聲音的確是來自動物。你之後也會做這樣的練習。

只有幾次動物的話語聽起來像別人的聲音。有一次，我跟一隻阿拉斯加灰熊（grizzly bear）聯繫，就發生這樣的情況。我是透過一張照片跟他聯繫，那張照片是一位研究熊科動物的博物學家拍的。我聽到的聲音是明顯的英國腔，而它的句構跟我的說話方式截然不同。

我不曉得我怎麼會聽到一隻熊操英國腔，但我永遠忘不了那個經驗。雖然我很少聽見異樣的腔調或聲調，但我所收到的那些話語的措詞通常跟我的說話習慣不同。有時候我寫下我收到的資訊時，發現我自動將一些字或片語大寫，或畫底線並加上驚嘆號。當這類情況發生時，我就知道那些訊息肯定是直接來自動物。

你不一定要透過視覺化的想像才能做直覺溝通。如果你不擅長圖像式的想像，就試試其他的模式吧。你用哪一種模式其實都沒差，都能達成溝通的作用。不過我發現，在我的班上原本說不會做圖像式想像的那些學生，經過一段時間的練習，到最後通常都能運用那種技巧。

覺知也算是一種「看」。當訊息以這種途徑被你收到時，你會即刻有「一目瞭然」或知道一切的感受。接收以味道和氣味的直覺印象構成的訊息，對於初學者而言是比較不容易辦到的，不過有少數人只運用這種模式。

在你開始練習之前，你還不知道哪種模式你用起來最順。經過一段時間之後，你可能會發現你各種模式都能運用自如，並且能在各模式之間切換。等你練到那樣進階的程度時，你可以直接請對方以你偏好的模式傳遞訊息。比方說，請一隻狗用影像顯示給你看，他被帶來收容所前是生活在什麼地方。或者，你可以請一匹馬傳給你，她對自己的訓練師懷有的情緒或情感。

在你剛起步的現階段，請先從情緒訊息下手。以直覺感知情緒可能是最容易的。如果你日後遭遇到直覺溝通的瓶頸或障礙，這種模式也是你可以回頭倚賴的基礎。到最後，你會培養出獨有的感應模式。要記著，直覺溝通沒有絕對「正確」的方式。

先讓自己的心平靜下來

若要以直覺接收訊息，不管訊息是來自宇宙智慧還是直接來自動物，你都必須有一顆平靜的心，這在現今的世界不是一件容易的事。許多學生抱怨他們無法一直維持平靜，思緒和內心的雜言雜語總是會冒出來，干擾直覺訊息的接收。因此，我發展出幾個有助於集中精神和建立聯繫的基本技巧，你將會在這一章學到這些技巧。我盡可能將它們設計得簡單明瞭。如果你按照這些方法來做，我相信你一定能夠舒緩下來，在情感上與心靈上跟動物建立關係，聽見動物要說的話。

許多人問，做直覺溝通是否一定要閉上眼睛。我跟自己的動物溝通時是睜著眼，但當我集中精神聯繫客戶的動物時，我通常是閉著眼睛。有的動物溝通師完全只睜著眼進行溝通，專注看著地面或乾淨的牆壁來減少視覺刺激的干擾。這方面沒有一定的規則，用你感覺最合的方式就好。

另一個常出現的問題是：做這種溝通時你聯繫的動物是不是最好在場，比隔著遠距離進行溝通好？人們會有這樣的觀念，以為跟動物面對面談話更容易，得到的結果也更準確。依據我的經驗，未必如此。當你跟他們在同一處時，動物會想要跟你互動。他們可能會找你玩，要你拍撫或餵他們吃東西，這會讓直覺的連結更困難。我的工作大部分是跟動物隔著遠距離進行，而我得到的結果還是一樣可靠。

專注與建立關係的步驟

接下來，我會介紹各個步驟，然後提供幾個如何運用的建議。你可以一邊讀一邊試著做。在這章的末尾，你將有機會用這些技巧跟動物練習。

1. 放慢下來

專注於呼吸是個可以幫助你集中精神，並舒緩身心的簡單方法。我都這麼做的：

(1) 在舒適的原則下，盡量深吸氣（想像吸氣到你的脊椎底端）。

(2) 憋氣一會兒。

(3) 有意識地減緩呼氣速度。

多做幾次，每次呼吸都要試著減慢速度，更為放鬆。你可以將這個技巧作為平時的靜心練習。只要一天做幾分鐘，就能幫助你訓練自己變得更平靜、更專注。我建議每天都在同一時間做這練習，或許在早上做，讓它成為一個習慣。你也可以加個輔助語。吸氣時你可以在心裡默想：「我是，」呼氣時默想：「平靜的。」或用任何你想用的輔助語代替。

2. 向下扎根

向下扎根（being grounded）的意思是感受自己與大地相連。這裡的方法是，想像自己有一條隱形、可伸長的動物尾巴，它穿過地板，穿過地層，一路進到地心。想像這條尾巴穩穩支持著你，同時讓你自由自在地移動。

3.保持正面的態度

學習直覺溝通會碰到許多意想不到的困難，最大的困難也許是你本身的態度。最難纏的批評家可能就是你自己，而這對直覺的培養有害無益。我曾看過有人嚴重地壓抑自己，結果竟然連嘗試溝通都辦不到。因此，我想了下面這個方法，能幫助你脫離你的思考模式。做法是：

(1)首先，找出是什麼觀念阻礙你做直覺溝通。因素可能不只有一個。這裡舉幾個常見的障礙：我會失敗；這不是真的；我只是瞎掰答案；我辦不到，別人才辦得到；太難了；這是不可能的；別人會以為我瘋了。這只是一小部分。我不能說我什麼症狀都聽過，但我聽過很多這類的觀念障礙。這些觀念有跟你吻合的嗎？如果沒有，請拿出你的筆記簿，寫下約束著你的那些負面想法。

(2)現在擬出一個能夠抗拒那些觀念的說法。你可以只針對一種觀念障礙，或針對好幾種。我們舉以下這兩種觀念為例：「我只是瞎掰答案」和「太難了」。這裡有個說法可以顛覆它們：「以直覺聆聽真的很簡單，我能得到極為準確的結果。」

(3)在你的筆記簿裡寫下你的正面說法，來對抗你察覺到的一種或多種負面觀念。你將會在章末的練習用到這個正面說法。

不管是在生活中的哪個領域，有意識地推翻你的負面觀念體系，對你都是有助益的。用書寫的方式清楚表述你的正面說法，或將它們大聲說出來，都能帶給它們力量與強度，有效克服長久積存的負面念頭。

4. 啟動直覺感應力

啟動直覺的方法是想像你的整個身體是敞開的，準備好接收直覺印象。開通你的直覺能讓你連結到集體心靈或宇宙智慧，我在第二章曾討論過這個概念。我將宇宙智慧設想為一座圖書館，裡面藏有可解答我所想得到的一切問題的參考書。若要進入這座圖書館，我要想像我的意識向上延伸，超出我的頭腦，朝著集體心靈伸展，它位在我上方某處。我喜歡將這過程想成是一條光束向上延伸。如果你不擅長視覺化的想像，那想像這樣的感覺就好：你連結到宇宙的所有知識，龐大的資源就在你的指梢。

5. 與動物建立關係

與動物建立關係是個重要的步驟。首先，你要見到那隻動物，或取得那隻動物的照片或關於他的描述。盡可能取得完整的描述，包括名字、年齡、性別、品種、毛色和斑紋。等你能在心中形成那隻動物外貌的形象，或他的外貌帶給你的感覺之後，就閉上眼睛，想像你看到或感覺到那隻動物在你面前（彷彿他正與你共處一地），不管那隻動物實際上距離你多遠。

接下來，專注於你的心靈，想像它充滿了愛。現在打開你的心，將那份愛的感覺傳給那隻動物的心。跟動物建立關係後，你就可以開始溝通了。

如何運用建立關係的技巧

以上這些步驟的目的，是要幫助你處於對的心境中，以便順利接收直覺印象。至於如何運用這些技巧，我的建議如下。如果你難以專注或靜下心，我建議你利用「放慢下來」與「向下扎根」的技巧，每天規律地練習，重新調整你的心靈，讓它更容易專注與平靜。一天只要練習幾分鐘就能得到效果。試著每天在同一時間做這個練習，讓它成為習慣。

在你剛開始跟動物練習溝通時，可以有意識地運用「保持正面態度」和「啟動直覺感應力」這兩個技巧。不過，你的身體最後會記住這些技巧，到時候你只要深呼吸就能達到專注、平靜與準備好要溝通的狀態。關於最後一個步驟「與動物建立關係」，我建議你有意識地對每個你要攀談的動物使用這個技巧。

最後，結束溝通時，對動物說「謝謝」是有禮貌的表現。

每天早上，在我開始進行動物諮詢工作前，我都用這些技巧來做靜心練習。對於每個我要溝通的動物，我都會做「建立關係」步驟。我也經常用深呼吸的方式來提醒自己要專注與平靜。深呼吸的動作成了一個對我的身體具有意義的訊息，傳達舒緩、腳踏實地、營造正面態度與啟動直覺的潛意識訊號。

兩種請求訊息的方式：直接與間接

以直覺請求訊息有兩種不同的方式：

1. 直接請求：透過直覺直接將問題傳遞給他人或動物，然後記下你收到的印象。
2. 間接請求：連結到宇宙智慧，汲取資訊，記下你收到的任何印象。

最好把這兩種方法都學起來。我做諮詢時，會視需要在兩種方法間切換。我通常是直接向動物詢問，但有時候動物不知道答案，他們不知道自己為什麼生病、需要什麼幫助或為何表現差勁。碰到這些情況，我會汲引宇宙智慧。當我要窺知未來時，我也用間接方法汲引宇宙智慧。

不管你是直接還是間接請求直覺訊息，接收模式是不變的，訊息同樣是以五種模式之一傳達給你：直覺意義上的聽、感覺、看／覺知、聞或嘗。你可能會發現，透過間接路徑和透過直接路徑收到的訊息不太一樣，但差異很小。

舉例說明，假設我們問一隻狗喜不喜歡貓。使用間接方法，你會經過專注與建立關係的步驟，感覺你從頭頂上連結到宇宙智慧，然後尋求有關那隻狗是否喜歡貓的資訊。你可能會收到那隻狗舔貓或跟貓窩在一起睡的圖像，那麼你就可以推想這是個肯定的回應。你甚至可能會聽到這樣的語句：「他喜歡他們。」如果你是直接問那隻狗，這兩種方法只有最後的做法有差別，你不是向宇宙智慧尋求資訊，而是明確地向那隻動物發問，默默呼喚他的名字。當你直接問的時候，可能會收到同樣的資訊，但內容變成那隻狗的直接陳述，比方說：「對，我愛我的貓朋友！」你甚至可能會看到那隻狗跟一隻貓睡在一起，或那隻狗舔貓的圖像。不管是以哪種模式感應，你都一樣要做建立關係的步驟，從你的心傳愛給對方。

如何透過直覺接收訊息？

之前我一直說：「沒有規則，想怎麼做就怎麼做，採用這個做法並隨你的心意改變它。」然而，我也發現直覺感應的金科玉律可歸納如下：

1. 放掉你的理性頭腦

理性總是壓抑直覺。若要接收直覺訊息，你必須放下以邏輯思考的習慣與追求「正確」的傾向。反過來說，當你練習以直覺接收訊息時，要注意你得到的每一個想法、印象、感覺、記憶、意象、話語或感官印象。立刻記下，它們就是你在尋找的直覺訊息。不要管你的理性頭腦、學術訓練和被教育過的思考。你的工作，只是記錄你所感知到的意識流。

有時候，直覺訊息甚至會在你做專注和建立關係的步驟之前出現。那也沒關係。不論什麼時候收到印象，都將它記下來，並繼續搜查更多的資訊。這聽起來容易，卻是直覺感應最困難的部分。經過幾番嘗試錯誤後，你最後一定能相信你得到的訊息，而不是設法想出「正確」答案。

舉個例子，說明理性如何形成阻礙。在一堂入門課中，我的學生問一隻狗喜歡吃什麼。她得到了答案，卻改掉它。她跟那隻狗的友人說的答案是，他喜歡牛肉飼料。那隻狗的友人卻說，那隻狗這輩子從沒被餵過牛肉飼料。可以想見，那個學生受到了挫折。跟她檢討這個練習時，我試著開導她，發現她透過直覺看見的其實是那隻狗吃生牛骨的景象。這時候那隻狗的友人立刻插話說：「啊，你為什麼剛才不說？我們一直都有給他吃生牛骨。」那個學生解釋，她以為沒有人會餵狗吃生牛骨，所以才把答案改成牛肉飼料。

在另一堂課裡，一組學生跟我的貓海柔交談，海柔告訴他們，她喜歡我搔她的肚子。之後我跟那組學生做討論，發現他們每個人都暗自決定不要說出那個訊息，因為他們覺得自己一定是搞錯了，都認定了沒有貓會喜歡被人搔肚子。

2.不要篩選資訊

說到底，這些學生是在篩選他們得到的資料。在牛肉飼料的那個例子，訊息是清楚且準確地傳遞進來，但那個學生將它改成她認為更合理，也因此可能更正確的說法。我也曾多次做過同樣的事，試著讓我透過直覺得到的訊息更符合我對現實的認識。要破除這種心智習慣是很困難的，但經過長時間努力它還是會消滅。你對訊息的篩選越少，記下越多湧入的印象，你就越可能得到正確結果。

3. 單純地記下一切

我發現，當直覺訊息進來時，若是沒記下來，我很容易就會忘記。只是溝通而沒留下結果，這樣子沒什麼意義，所以我一定會在訊息湧入時，把所有感應到的東西寫下來。這意味著，我有時候是閉著眼睛書寫。我盡可能把字寫清楚，但偶爾需要從各個角度推敲我寫下的東西，花好幾分鐘才能讀懂。

要避免這種情況，你可以錄音記下你收到的資訊，或打進電腦裡。我有試過打字，發現打字會干擾我的專注力，不過有些人偏好這種方式。你可以每一種都試試，找出你最喜歡的方式。重點是：把全部的東西原原本本地如實記下來。

提升準確度的祕訣

若遇到一個初學的學生善於記錄訊息，很早就達到高準確度，通常是因為他之前受過直覺相關的訓練或曾被鼓勵培養直覺。我總是能立刻辨認出這類學生，因為他們對於自己的能力更有信心，跟動物對談時能得知更多的細節且更準確。有時候，班上其他人只寫了一個字或一個片語，他們卻記下了幾頁滿滿的資訊。

最近我認識一個剛入門的學生，她不只對於自己的直覺能力特別有信心，而且記錄訊息時是振筆疾書。她收到詳細無比的細節，且高度準確，她的筆從沒離開過紙面。我問她是怎麼辦到的，她說她有修過一門創造性寫作課，學過一種叫作「自動書寫」（automatic writing）的技巧。那是她成功的祕訣，而我現在要將它傳授給你。

自動書寫被運用在創造性寫作練習時，是以書寫的方式捕捉湧入意識的思緒流動。你純粹書寫，不停下來看或改任何文字，甚至不停下來思考。在整個練習過程中，你的筆應該是持續不停地動。若將自動書寫作為每天固定的練習，它能有效釋放你的潛意識與無意識心靈，讓你可以輕鬆自如地寫作且更文思泉湧。它能幫助有寫作障礙的人，是一種輕鬆不費力的開通直覺方法。

接下來，你將試試這一章所介紹的技巧，做幾個簡單的「特別訓練」練習題，培養直覺感應。

練習時間

練習 13　順著意識流自動書寫

每天選一段時間來練習自動書寫。在活頁紙上做這個練習，不要用你的筆記簿，因為練習過程中你可能會草草寫掉好幾頁。為你的書寫設定一個時限，最好是十到十五分鐘。設定鬧鐘或計時器來計時，然後就可以開始書寫。你的筆不能離開紙面。你可以寫任何你想寫的主題，或簡單地以兩、三個字開頭，像是：「我將要……」接著繼續寫，直到計時結束。

切勿編輯、修改、訂正錯字，試圖讓字跡容易辨讀或停下來潤飾你的文字。順從你的意識流，訓練自己以這種方式敞開心靈。在你做接下來的練習之前，現在就試試看，體驗一下自動書寫是什麼感覺。

特別訓練

驗證接收訊息的準確度

運用直覺來得知一隻動物的性格與好惡是比較容易的。一旦掌握住訣竅，就能一再反覆地跟不同的動物做這個練習。

後面幾頁附了三隻動物的照片。你將分別對各個動物提問，查出他們的性格與喜惡。你將只能靠著照片、動物的名字與性別來聯繫。我故意不透露動物的年齡，以免你嘗試根據年齡做出任何推斷。就算你是在這本書出版十年之後讀它，而可能其中一張照片的動物已經死了。你還是可以做這個練習，因為你能憑直覺來觀看過去與未來的事件，效果跟你觀看現在的事件是一樣的。憑著你的直覺，你即可通達那藏有一切智慧的宇宙資料庫，不管你找的知識是屬於過去、現在還是未來。

請感應以下動物的性格與喜惡

切記，在往後幾章的「特別訓練」練習，你將採用間接方法，連結宇宙智慧來請求直覺訊息。之後，等你開始跟你朋友的動物練習時，你將使用直接方法，直接跟動物交談來取得資訊。另外，記得要記下你收到的任何直覺訊息。

一開始，先將直覺感應的準備步驟逐一做過（參見第112到114頁）。你可以將這些步驟錄下來再放給自己聽，在每個步驟間留下適當長度的空白。請感知你跟宇宙智慧的連結。現在請求宇宙將你尋找的資訊，以直覺印象的形式傳遞給你。將你的意識凝聚於你正接收到的印象（感覺、意象、想法或其他知覺）。立刻把訊息記錄下來。務必捕捉到你所收到的每一個想法、意象、感覺或其他感受，不要自行篩選訊息。

就像自動書寫的練習，辨認並記下心中第一個出現的東西。然後一個接一個，直到你思緒靜止。你應該要有這樣的感覺才對：有一連串訊息進來，必須趕快記錄，以確保你全部都有收到。請勿停下來考慮正不正確，那樣會害你功虧一簣。只要把每一個細節都記下來就好。等你做完後，可以核對書末的答案提示，看看你寫下來的東西是不是真的。如果你沒感應到任何印象，就盡力猜。對於每隻動物的每個問題，你應該設法記下一些答案（至少一個字）。

請先跟這三隻動物都練習過，再核對答案。

練習對象一：貓咪海柔

這隻貓名叫海柔。仔細看這張照片。感應你與宇宙智慧的連結，請求關於海柔性格的資訊。記下你發問之後所感知到的一切。然後查問她喜歡和不喜歡什麼。還是一樣，你的任務是記下一切你感知到的東西，就算你覺得它可笑、怪異、理所

當然或虛幻，記就對了。此外，也詢問海柔的年齡。如果你沒有得到任何印象，就盡力猜，做完再進行到下一個動物。核對答案之前要先跟三隻動物都做過練習。

練習對象二：狗狗布萊蒂

仔細看這隻狗的照片。她的名字是布萊蒂。如果你想要，可以再回去做一遍專注與建立關係的步驟。不然也可以直接深呼吸，從你的心傳愛到她的心。感應你跟宇宙智慧的連結，請求關於布萊蒂性格的資訊。記錄你收到的各種印象。然後查問她喜歡和不喜歡什麼。記下你感知到的一切。詢問她的年齡並記下你得到的答案。如果沒有訊息進來，就盡力猜。接著做最後一個動物的練習，做完再核對答案。

練習對象三：馬兒狄倫

仔細看這張照片。這隻馬名叫狄倫。如果你想要，可以再回去做一遍專注與建立關係的步驟。不然就直接深呼吸，從你的心傳愛到他的心。感應你跟宇宙智慧的連結，請求關於狄倫性格的資訊。記下你收

到的各種印象。然後查問他喜歡和不喜歡什麼。記下你的印象。詢問他的年齡並記下答案。如果沒有訊息進來，就盡力猜。張開你的眼睛，恢復清明的心智狀態。現在翻到書末的答案提示核對你的答案。

準確度分析

如果你得到六〇％以上的正確答案，你的成績算非常好，在我班上有些人做這些練習時也能達到這樣的成績。準確度在二〇到六〇％之間，以初學者來說是可預期也可接受的；你只是在學習，別對自己太嚴格。

如果你的正確答案低於二〇％，可能只是因為起步的運氣不好，就像學騎腳踏車，抓到訣竅前先跌個幾次。我鼓勵你繼續嘗試做之後各章的練習。從另一方面來說，可能存在著某個癥結——或許你有個非常活躍的內心批評家。如果你知道這是你的問題，請看第七章，學習如何應付內心批評家。也有可能我的指導不夠完善，或這些練習對你目前的直覺能力來說太難了，或你直接跟一位老師學能學得更好。

有時候人們一個練習做得差，另一個練習做得好。如果你做得不好，我的建議是繼續讀下去，嘗試做之後幾章的練習。要是你的準確度沒有進步，你可以試試看親自跟一位老師學直覺溝通。不管怎樣，我相信閱讀這本書將帶給你樂趣；等你培養多一點信心與能力後，你或許可以再回來做這些練習。

第七章

相信自己！清除溝通的障礙

當你告訴別人你在學如何跟動物溝通時，負面的反應是可理解的。以動物為對象的直覺溝通完全脫離傳統思維。科學說那是不可能的。它挑戰基本的社會觀念，即人類是唯一真正有智力的動物，而其他生命形式都比不上人類重要。

我剛開始以這門技術為業時，一些人所表露出的鄙視對我造成了嚴重的困擾。我發現，我必須坦然面對自己的工作才能推廣這項服務，可是我內心卻不想告訴別人我在做的事。從事這麼一種讓社會無法接受的行業，我感到不安穩，也對批評很敏感。

除了社會的挑戰之外，剛開始學直覺溝通時，很難不懷疑自己。我們都被學術體系和社會訓練成了優秀的懷疑者，在對待像直覺溝通這種不可置信的事情的時候，更是如此。我極少見過學習過程中絲毫沒有自我懷疑的學生。那些極少數的例外，通常是在童年時就有人鼓勵他們運用直覺想像，他們學直覺溝通不在乎別人會怎麼想。要是我們都能這麼信心堅定就好了！我剛踏入這領域時，才不是這樣。

我不只煩惱別人會怎麼想，還認定自己根本沒那種能力。在我上課的那個班上，有

位同學請我幫忙解決貓跟她之間的問題，我感到意外極了。我答應試一試，去了她家跟一隻老貓交涉，那隻貓躲在地下室裡，不肯出來吃毛球藥（hairball medicine）。

我進去地下室跟她交涉時，她已經躲在屋子底下差不多整整一天了。屋子裡的其他動物全都跟在我屁股後面，彷彿我是花衣魔笛手（Pied Piper），他們顯然想要看看我會怎麼幫助他們的朋友。我們大家坐在一張沙發上，跟她對談。我問她，她要怎樣才肯喝藥水，我得到這樣的印象——如果把藥放進鮮奶油裡，她就會喝。我答應她這個條件，然後就走了。一個小時後，那位同學打電話來跟我說那隻貓出來了，開開心心地把鮮奶油藥水舔光。

那位同學一定是看到了我看不到的事實：我具有某種真實不虛的能力，即便我認為自己是個無法學會動物溝通的人。現在，我已經教了這麼多年的直覺溝通，我知道這是初學者慣有的心態。剛開始嘗試的時候，人們就是無法相信他們的能力與準確度所顯示的證據。

一開始，你可能必須跟你心裡的批評家搏鬥一陣子。盡量試著對自己有耐心，並以實際的態度看待你的進步。學習這項技術是一個多階段的過程。你無法立刻精通，好比學騎腳踏車無法一學就會。必須認知到，錯誤總是能教會你一些事，讓你可以從錯誤中學習。

設法相信自己，就算周圍的人們表露懷疑。事實上，你越有自信，你就越不容易遭到懷疑。人們反而會對你做的事情有興趣或好奇。我後來了解到，外界給我的批評在某種程度上反映了我內心的自我批評。

學習直覺溝通不只是學習另一種語言。不管是學哪種語言，都要認識新的符號系統、技巧和方法。可是在直覺溝通的領域，你還必須學會相信自己，相信你收到的訊息，接受你不可能完美無誤的觀念，並且學會尊重自己，就算其他人不尊重你。正因如此，我常常跟人們說，學習直覺溝通可能會成為一段自我蛻變的歷程。

常見的直覺溝通障礙

在《直覺覺醒》一書中❶，神經精神病學家與人類醫療感應師蒙娜麗莎．休茲寫道，大腦的額葉負責批判性思考與判斷，是我們的內心批評家所駐之處。它的功能就像是一個警察，警告我們不要說蠢話或做蠢事。它總是試圖保護我們，要讓我們的思想行為符合社會成規。

左腦跟邏輯理性相關，右腦和額葉則跟情感、感官印象、直覺、創造力和本能相關。大腦這些部位的活動強弱程度因人而異。每個部位在直覺運用上都扮演著重要的角色，所有的大腦功能都必須要和諧地互動，你才能利用直覺得到精確、詳細的資訊。額葉控制太多，你運用直覺就會感到受阻。左腦控制太多，你就會感到難以擺脫邏輯思考，一直試圖推理答案，而不是放掉理性包袱，允許直覺洞見降臨於你。當人

開始做這種溝通時，他們的額葉往往會發出紅色警戒：「你在想什麼？這是瘋狂的行為！你辦不到的！沒人辦得到！人們會把你看成是個異類！」推到極端，這種干擾會讓人連嘗試做直覺溝通都沒辦法。

另一個可能會碰到的障礙是，為了要驗證你透過直覺從動物那裡得到的資訊，你必須說出你的答案。對我們這些受過公立學校教育，還記得答錯題目或考試不及格是什麼滋味的人來說，這樣的過程帶給人很大的不確定感。直覺溝通有這種惱人的特點，總是要你冒險一搏，除此之外沒其他辦法。你必須跟別人說你感應到什麼，讓他們來驗證準確性。

雪上加霜的是，你不可能永遠答對。不管你練得多勤、學得多精，你一定會有不準的時候。你個人的觀念體系是另一個潛在的直覺障礙。這裡舉幾個我從初入門的學生那裡聽過的負面觀念，也許跟你的吻合：

- 我辦不到。
- 我沒辦法讓我的心靜下來。
- 我沒辦法聽見動物用言語對我說話。
- 我的想像力不好。
- 我只是在瞎掰。

你對這過程或你的能力抱持的負面觀念，會阻礙你的進步。把阻礙著你的觀念揪出來並拋棄它是一件重要的功課，對於初學者尤其重要。

認清並清除你的障礙

我已經提出過，幾個清除直覺溝通障礙的方法。清除障礙，是學習直覺溝通持續要做的功課；當你解決掉一個障礙後，另一個障礙會接著來。學習這種技巧就有這樣的特性，它可能會讓人有挫折感。

在你得以清除障礙前，你必須先認清障礙是什麼，藉著分析你的感覺與動機來揪出它們。只要你認真探究，通常都能找出引發你的某種態度或某個行為的核心觀念。這裡舉一個我幫助學生查明障礙的例子：

潔尼絲上過許多堂我的課，她在直覺溝通方面的表現相當不錯。然而有一天，我們在進行個人訓練的時候，她告訴我，每次她嘗試跟動物溝通，她的肚子就會不舒服，變得很緊繃。同時，她還覺得打探動物的私生活是不恰當的。我們討論這個問題，發現在她成長過程中，說真心話是家庭禁忌。談論一個人真實的感覺是不被容許的。當潔尼絲問動物「你對你的友人或訓練師感覺怎樣？」這類問題時，她的童年經驗就會復返，詢問真實感受成了一件不被容許的事。

她還認知到，她以前的在校經驗使她養成了一種對犯錯的恐懼感。結果，她常常覺得自己沒有感應到夠多的細節與可被證實的「點」，雖然我的感覺並不是這樣。一

旦她認清了自己的障礙，我們就能從底下所列的項目中找出適合的解藥。以下的一些方法，能幫助你解決你在直覺溝通上遇到的個人障礙。

翻轉負面觀念

許多障礙是負面觀念造成的。倘若你覺得一直得不到準確的答案，可能是因為你出於某種原因，認為自己無法達到準確的感應。一個可幫助你移除障礙的方法，是查明那束縛著你的觀念，並將它整個顛倒過來。你可以設定一個正面的說法來翻轉那個觀念。例如，潔尼絲需要對抗的觀念有：「查探真相是不安全的」、「她一直得到錯的答案」、「她無法感應到清楚的細節」。她想出了下面這個正面說法：「我跟動物交談是在幫助他們，我感應到真正準確又詳細的資訊並樂在其中。」

歸納起來，以下是建構正面說法的步驟程序：

1. 認清你想要改變的觀念。
2. 想出一個可翻轉那些負面觀念的說法。
3. 以現在式陳述你的正面說法，彷彿它是你當下的觀念與感受。
4. 練習直覺溝通時，或每當你發現自己陷入負面態度時，就拿出這個正面說法來用。

跟你心中的批評家約法三章

如果你的額葉有個過度積極的內心警察在運作，你會感覺到你總是在篩選與壓抑自己，總是在判斷、批評，且通常來說不會讓一絲一毫的直覺訊息滲入。一個可以使這種狀態短路的辦法，是跟你心裡的批評家做約定。

實驗看看，向你的內心批評家提議，不要評判和篩選，只要幫你接收和捕捉訊息就好。你可以給這實驗設定三個月的時間。原則是，你的額葉必須退到背景，只執行輔助的功能，幫你捕捉每一個快速傳到你這裡的直覺訊息。在實驗期結束時，你便可以評估成果。

對自己使用正向訓練技巧

在《別斃了那隻狗》（Don't Shoot the Dog）一書中❷，凱倫．布萊爾（Karen Pryor）闡述了海豚和狗的正向訓練法與點擊器訓練法（clicker-training）的基本要領。她敘述一位朋友，決定對自己採用點擊器訓練法來增進網球實力。他完全只注意自己的好表現，不會因為犯錯或打出差勁的球就責怪自己。只要發出一記好球或執行一次漂亮的攻擊，他就會拍一下自己說：「幹得好！」我建議你也對自己試試這個方法。這做起來輕鬆、容易又有趣。

你可以把它用於直覺溝通，或任何你想要精通的東西。原則是，你必須肯定每一個小小的成功，完全不理會失敗。把每一個成功看成是一件大事。只要練習做得好，或得到了任何正確答案，就給自己一個獎勵。在你的練習筆記簿裡，有正確答案就在旁邊打星號，並且告訴別人你做得多好。沒人能以這種方式鼓勵你，你必須自己做。

順從自己的第一印象

對於釋放你的直覺能力，我所能推薦的最好方法就是順從你的第一印象，時時提醒自己做到這點。也就是說，你要敏感地覺察任何浮現在意識中的輕微印象，並捕捉那個印象，而不是篩選並拋棄它。你甚至可以對自己說：「我正收到什麼？什麼正在傳進來？」然後接受向你傳來的第一印象。

做出最直覺的猜測

如果練習時遭遇瓶頸，接收不到任何印象，你有兩個方法可以試。第一個是試著猜。做出最直覺的猜測，然後核對答案。用猜的，你至少有所進展，而不是停滯不前。

第二個是運用直覺感應的感覺模式，從這裡來著手取得資訊。一般來說，這種模式對人們而言是最容易的一種，所以如果你遇到瓶頸，它或許能幫忙讓情況好轉。用感覺模式尋找印象時，一切將以你的感覺，和你所感受到的那隻動物的感覺為根據。

減輕壓力

當你開始跟朋友的動物，做可驗證答案的直覺溝通練習時，在透露你得到的結果前，先讓朋友告訴你答案。之後你如果願意，可以跟朋友分享你的答案。跟別人解釋你只是個初學者，可能不會很準。當然，事實並非如此（初學者往往能達到出乎我意料的好成果），但不管怎樣還是這樣說，以減輕你的壓力。記住點擊器訓練法：為你得到的任何正確訊息感到開心，其他的就別理會了。

避開喜歡批判的人

碰到持否定態度的人可能會是個大問題。避免跟可能批評你的人談你在做什麼，或許是個明智的做法。等你對自己的能力培養一定程度的信心後，再讓他們知道你的發現。如果你剛好跟一個好批判的人住在一起，就不要跟那個人談你在做的事，直到你具備更多的信心。

正向思考

如果你固定每天做呼吸靜心練習，可以在練習中加進一個肯定句。例如，吸氣時你可以說：「我是，」呼氣時說：「直覺敏銳的。」等你靜坐結束後，想像你在跟一位朋友的動物做直覺溝通，得到好的回應與結果。當作你是在一部電影裡，看著它或感覺它的發生，想像得越逼真越好。這個方法可以用於任何你希望在生活中締造的事物。

練習時間

練習14 認清並排除溝通的心理障礙

正向思考是上面所列移除障礙的方法之一。做法是，先查明你對自己的直覺溝通能力抱有的負面感覺或觀念，將它們記下來。挑出兩個你現在就想改掉的負面因子。重新表述那些觀念，將它們的意思顛倒過來，變為現在式的正面説法。

舉例來説，「我只是在幻想。」可以改成，「我得到真正準確、已被印證的訊息。」再舉一個例子，「這對我來説太難了。」可以改成，「直覺溝通對我來説容易又有趣。」在你做練習前，或每當你開始感到沒把握的時候，就用這些正面説法來強化你的信心。再瀏覽一遍上面關於解決方法的那些內容，挑出另一個讓你感興趣的方法。實際做做看，看它有沒有幫助你增進直覺溝通技巧，把結果記錄下來。

特別訓練

只憑動物的特徵描述來感應

練習對象一：作者瑪塔

這只是一個暖身題，真正的練習其實是下一題。因為有時候跟人做「性格與喜惡」練習，會比跟動物來得容易。你已經知道我的工作和我的一些背景，但你不知道我喜歡什麼（包含嗜好）和不喜歡什麼。那麼就來做做這個練習，憑藉直覺獲取關於我的喜惡的資訊吧。

先看在本書開頭「讀前小小測驗」測驗三中我的照片，接著集中精神。你可以做一遍專注的步驟（見第112到114頁），或直接深呼吸，集中注意力。

請記住，以我或我的動物作為練習對象時，你要以間接方式向宇宙智慧請求資訊。請感知你跟宇宙智慧的連結，請求關於我喜歡和不喜歡什麼的資訊。你可以看著照片睜著眼做，或者閉上眼睛做。記錄你接收到的每一個印象。繼續做下一個練習，做完再翻到書末的正解去核對答案。

練習對象二：狗狗貝爾

再做一次性格與喜惡調查，只憑著動物的特徵描述來感應。這次你將跟我的閹犬貝爾練習。他的外型跟布萊蒂（「讀前小小測驗」測驗二中的那隻黑狗）很像，但稍微矮一點、胖一點，臉上沒有白點。請集中注意力，從你的心連結到他的心。感覺你跟宇宙智慧的連結，請求有關貝爾性格的印象。張著眼或閉著眼做都可以。然後，查問他喜歡與不喜歡什麼。記下你感知到的一切。詢問他的年齡並記下你得到的答案。

現在，回到你平常的清醒狀態，翻到書末核對答案。

第八章

訊息接收能力再提升

我不斷尋找與嘗試新的方法，試圖讓直覺溝通變得更容易、更準確。我建議你做一樣的事：參加任何你感到有趣的課程，讀每一本引起你注意的相關主題的書，它們會幫助你增進直覺溝通能力。

現在你已經試驗過基本的方法，有過一些溝通經驗，接下來你可以嘗試探索，我將在這一章介紹的進階技巧。當我被人請去跟動物做直覺溝通，遇到情況緊張的時候，這些進階技巧非常有幫助。

直覺訊息的特徵

一個增進準確度的方法，是注意你所收到的訊息，有沒有直覺訊息的這三種普遍特徵之一？

(1) 立即的訊息：訊息非常突然地進來。

(2) 不尋常的訊息：你再怎樣幻想都不可能虛構出來的訊息。

(3) 極確切的訊息：你對於收到的訊息有很強烈的確定感。

如果你辨認出這幾種可靠特徵的任何一種，你就應該特別留意將那份訊息如實記下。你可以十分確定，它最後一定會被證明是準確的。以下是這些特徵的幾個例子。

1. 立即的訊息

有時候學生會說，在我指出我們要跟哪隻動物溝通或要問什麼問題之前，他們就已經接收到關於那隻動物的直覺印象。這正是直覺的特性，它有時完全不按牌理出牌。我就有過這樣的經驗。有一次我到府拜訪，要跟一隻難管教的鸚鵡溝通。找我來的那位女士正在解釋那隻鸚鵡的問題時，一隻灰毛小貓的影像閃過我的心頭。

我當下的反應是對它置之不理，沒遵守我自己教人要留意直覺訊息的忠告。跟那隻鸚鵡對話時，我查問出了什麼問題，那隻鳥又顯示給我看那幅影像，說她想要一隻灰毛小貓。我心想一定是搞錯了。怎麼會有鸚鵡想要有一隻小貓？我尋找其他能解釋她不良行為的原因，可是只收到同樣的要求：她真的想要一隻灰毛小貓。我把我得到的結果轉達給那位女士，準備接受我失準的事實。她回應說，那隻鸚鵡最近痛失她的老朋友，一隻灰毛母貓。

2. 不尋常的訊息

我的狗都格是一隻愛爾蘭獵狼犬（Irish Wolfhound），他還在世的時候，我用他來教學生，讓他們了解不管訊息看起來多麼奇怪，都要記錄下來。我請學生們問都格，他用水做了什麼事逗我發笑。全班高達七〇%到八〇%的人能回答出他的一項或多項可笑舉止，例如：(1) 喝碗裡的水時把一隻前腳伸進水裡；(2) 把鼻子放到水底下，在水碗裡吹泡泡；(3) 把鼻子浸在水裡，沿著淺池塘或小溪追蟲。

這些行為都是非典型、不合常理也不可預期的，雖然我聽說過有的狗會追魚。大部分的學生覺得自己得到的訊息非常愚蠢，不可能是正確的，但他們還是寫了下來，因為我堅持他們要記下所得到的一切答案。

3. 極確切的訊息

當訊息符合這個特徵時，你就是打從心裡知道它是對的。你感到它明確無比，絲毫無疑。這種情況我偶爾會碰到。有一次我跟一隻貓溝通，他上了陌生人的車，就這樣被載走。沒人知道他去哪了。我跟他聯繫上後，他顯示給我看他被放出車外，我接收到一個地方的印象，那地方在他家南方約十英里遠。那隻貓說，他正在回家的路上，他知道怎麼走。他很篤定地說他正在回家的路上，並一再重複同樣的話。我心裡知道他一定會找到回家的路，果然沒幾天他就回到家了。

增進訊息接收能力

接下來這一段將介紹的技巧，能幫助你增進直覺感應力。我透過各種途徑收集這些技巧，包括讀書、參加課程、跟直覺領域的專業人士工作，並到處廣為探聽。之後做各章末尾的練習時，試著運用這些技巧，看它們對你是否有幫助。

意識到你的直覺感應器官

在《你能通靈》（You Are Psychic）這本書裡❶，小彼特・山德斯（Pete Sanders, Jr.）推論說，我們有看不見的直覺或心靈感應器官，與我們的感覺器官相似。他描述了以直覺感覺、聆聽、觀看與覺知的器官。根據山德斯的說法，看不見的直覺感覺器官位在腹部。我認為還有另一個位在心臟。

他說，直覺聽覺器官就像隱形的耳朵，位在我們真正的耳朵上方。額頭中央是觀看直覺圖像的視覺感應器官，而頭頂是以覺知接收資訊的感應器官，你可以透過它瞬間知悉一隻動物的生活全貌或處境。

當你以直覺溝通時，假想你真的有這些器官，它們雖然無法被看見，但都在運作著，就像你的肉眼、耳朵和其他感覺器官一樣。想像這樣的感覺：敞開各個感應器官，憑直覺接收訊息。

四種腦波：阿爾發、貝塔、德爾塔、西塔

有些研究者測量從事直覺工作的人的腦波，觀察到這類人是在西塔（Theta）腦波的狀態下發揮這種能力。❷「西塔」是我們快睡著或睡醒時的狀態。其他三種腦波也

在實驗中被記錄：「貝塔」（beta）是平常清醒狀態的腦波模式；「阿爾發」（alpha）是冥想的心靈狀態的腦波模式；「德爾塔」（delta）則是作夢時的狀態。想像一下，你進入夢鄉前或你睡醒時是怎樣的感覺。做直覺溝通時，你可以盡量試著達到那樣的狀態。

我想出了一個達成這個目標的方法，就是給大腦一個睡眠的指示，讓它進入西塔腦波狀態。你睡著的時候，眼球是向上轉的。你可以閉上眼睛，輕輕將眼球稍微向上轉，藉此在某種程度上誘發西塔腦波狀態。只要做一次就好，而且要非常地輕。不要對你的眼睛用力，或嘗試維持這種姿勢。關鍵在於，你是要給你的大腦一個微妙的睡眠提示，引誘它進入西塔狀態。做這個微微向上轉眼的動作時，我喜歡同時想像從頭頂連結到宇宙智慧。

要達到西塔腦波狀態，你必須放鬆。試試這個放鬆的技巧，如果放鬆令你感到困難，你更要試一試。一開始先讓呼吸越來越深沉，並減緩吐氣速度。接下來，你每吐一口氣，就有意識地放鬆你身體的一個部位，從腳開始。吸氣，然後在吐氣時感覺你雙腳（關節與肌肉）的緊張感全都鬆開，從你的腳流出去。

現在換到你的腳踝和小腿，重複同樣的呼吸與放鬆過程。當你往上做到軀幹時，想像你的體內器官連同肌肉和骨頭一起放鬆。當你進行到心臟時，想像你憋在心裡的所有情緒緊張全都放鬆，並被釋放出去。進行到頭部時，想像你所有的思考和憂慮都放鬆，排出你的腦外。此時，你應該會感到格外輕鬆。如果你喜歡這個練習，可以常常做。它不只能讓你更貼近你的直覺，還能增進你整體的身心健康。

放下任何預設

我對待新認識的動物，如同對待我新認識的人：我盡量避免依外貌做任何預設。我盡可能敞開心胸，欣賞每個個體的獨特性。我並不總是能做到這點。當然，倘若我接收到任何負面的直覺印象，我不會不去注意它。跟任何人或動物互動時，要是我開始產生不安全感，為求謹慎，我會假定對方可能是個潛在的危險，對他提防戒備，雖然原因不明。

每當我不知不覺落入偏見的圈套，依據物種、品種、性別或年齡做出先入為主的判斷時，我的調查結果通常都有誤。救狗人員知道，不是所有的黃金獵犬都是友善的，馬術行家知道不是所有的阿拉伯馬（Arabian horse）都是神經敏感的。試著認清自己的偏見，不要受到它們的影響。

什麼都沒感應到？

捕捉資訊的訣竅在於認知到：每一個你所感知到的印象與感覺，都是可靠的資訊。就算它們感覺起來離題、怪異、不合理，顯而易見或平凡無奇。要成為一位優秀的訊息接收者，你需要時時問自己：「我現在收到什麼訊息？我還收到什麼別的訊息？我有什麼感覺？我正感應到什麼圖像、想法、記憶、身體感覺、話語、聲音或氣味？」

要注意每一個傳遞於你的印象、感覺、記憶、影像與知覺，將它們記錄下來。如果你感應不到任何東西，感到受阻，就把這情況記下來。等你之後跟那隻動物的友人核實時，你也許會發現那隻動物將自己封閉起來了，誰都不理。這就是你在溝通過程中，感到受阻的原因。如果你發覺你在想著你的帳單，就記下這事實。結果可能是那位友人有金錢上的煩惱，而那隻動物對此感到憂心。如果你感覺背癢，記下來。如果你受噪音干擾，記下來。你絕對料想不到，會被證明有關聯的事是什麼。

如果你分心或想到自己的某個往事，把它記下來。你所想的事情，可能跟那隻動物目前的生活處境有關。你甚至可以把你收到的直覺訊息，標註為「我幻想出來的事情」，但不管怎樣務必將它記下來。之後跟動物的友人核實，看看你接收到的訊息有沒有任何一筆是有關聯的。

找到你的感應模式

開始觀察你做直覺溝通是如何進行的，評鑑你的個人風格。你最佳的感應模式是什麼？你是偏視覺還是聽覺？你通常是憑感覺來感知事物，還是直接知曉訊息？開始注意這些特徵，認識你的直覺感應風格吧。請回答下列問題，記下你的答案：

- 哪種感應模式對你而言最容易——感覺、看、聽、覺知、嘗、聞，哪一種？
- 什麼最常干擾或打斷你的溝通？
- 這門技能的哪個方面最讓你感到困難？
- 你靠什麼確認你跟動物有連結上？
- 你靠什麼線索判斷你的感應是準確的？

只要你發覺自己遇到瓶頸或徒勞無功，就改用對你而言最容易的感應模式。

與你的指導靈交流

有些人對心靈議題與靈性工作，特別感興趣。如果你是這樣的人，你應該會想要讀讀這一段。如果不是，那就跳到下一個主題。

許多人相信，每個人都有隱而不見的指導靈（guide）或協助者（helper）。誰都有可能是這類指導靈和協助者：已過世的親人或動物、神明、動物指導靈（spirit animal）或人。一個學生告訴我，她的指導靈是一棵大橡樹，她從小就認識那棵橡樹，會向那橡樹傾吐心事。

總而言之，什麼都可能是你的導師；不管怎樣，它都是屬於你個人的。做直覺溝通時，你可以召喚你的指導靈來幫助你。每天我開始進行諮詢工作前，我都會這麼做。現在，我已經有了好幾個導師：動物、樹木、人，甚至山。每個人的指導靈都是獨一無二的，誰讓你感覺合拍，你就可以召喚誰。如果你沒有指導靈，但想要找一個，你可以利用這一章末尾的練習，來找到你的動物導師（animal guide）。

加速連結

有些人喜歡按部就班，有些人討厭程序。如果你覺得專注與建立關係的步驟太慢了，你可以減去幾個步驟，或乾脆全都不用。相對地，有些人覺得這些步驟可帶給心靈安全感，幫助他們平靜下來，讓直覺變敏銳。不過，如果你有信心，想要加快速度，就儘管照你的意思做吧。只要先從深呼吸開始，然後在心中感覺你跟動物的情感連結，以此建立關係，你就可以進行溝通了。

你甚至不需要閉上眼睛。不過，這樣做可能會有幫助：睜眼看著地面或一片乾淨的區域，學會讓你的視線形成柔焦。當你睜著眼睛做白日夢時，你的眼睛自然會形成柔焦；在這種狀態下，你不再是緊盯著面前的景，你的眼睛是放鬆的。

保持連結

以下介紹的技巧，能增進你在直覺溝通過程中與動物的連結。

想像你跟動物共處一地

如果你難以聯繫上某隻動物，試著想像那隻動物就在你身邊。就像我之前說的，你不一定要用視覺化的想像來達成這個目的，只要感覺那隻動物在你面前就行了。想像你叫那隻動物走向你，或想像你走近他（如果那隻動物是和善的）。然後想像你們互動：玩拋球、餵點心或拍拍他。看會發生什麼事，看你對那隻動物有什麼感覺。

確認你的心是開放的，然後傳送愛的情感過去，跟那隻動物建立關係。你可能會發現，透過這過程，你能得知那隻動物的許多性格特徵。等你感覺你已經跟那隻動物建立起了關係，你們就可以開始溝通了。

請求收到更多的資訊

如果你收到的訊息令人困惑或模糊不清，你都可以再回頭找那隻動物幫忙。請那隻動物以別種方式傳達訊息或給你更多解釋。如果你只收到簡略的回答（我剛開始學的時候就是這樣），就請他再說多一點。向對方要求完整的句子。即便你懂得對方的意思，也可以請他進一步解釋。

有時候，人們得到一點回應就很滿足，就算只是「是」或「否」，結果他們沒想到可以再問更多的細節。假如你只得到「是」或「否」的答案，就再回去聯繫那隻動物，問更多的問題。為什麼那隻動物會那樣回答？你收到的「是」或「否」，語氣是強是弱？

要增加直覺溝通的流暢度與精細度，第六章介紹的「自動書寫」練習是個絕佳的方法。若是你接收訊息有困難，我建議你每天練習自動書寫。

化解寵物對溝通的抗拒

有些時候，你會遇到難以溝通的動物。這時，你可能會感到一無所獲，甚至那隻動物可能會表明他不想要說話。有一次，我跟一隻貓對談，一直看到那隻貓背對我、對我完全不理不睬的影像。我跟那隻貓的友人們說明我碰到的情況，他們立刻大笑出聲，跟我解釋說，那隻貓對每個來家裡拜訪的客人都是這樣。他們說，那隻貓除了他們，對誰都不屑一顧。

動物抗拒溝通有許多可能的原因。主要的原因是恐懼感。假如一個人以前曾經虐待過動物，這個人對動物來說就是個潛在的危險，就算他是透過遠距離聯繫而不構成真實的近身威脅。如果你遭到拒絕，就再重新試試吧。再次敞開你的心，讓動物感覺到你是可信任的。說明你聯繫他的意圖，然後問問他為什麼不肯溝通。跟那隻動物好好討論這件事，看你能否解決這種情形。

有時候，動物不想要任何人知道他的心事。若是碰到這樣的情況，可以向那隻動物承諾保密並嚴守承諾，如果可以的話就設法幫助那隻動物。倘若那隻動物還是抗拒溝通，就跟他說「謝謝」，不要再打擾他。傳送癒療性的關愛給他，然後在情感上解除連繫。

讓散漫的心回到專注

要是你開始分心，或感覺到連結減弱，你可以回到用想像跟動物做近身互動的步驟，在那個水平上重新建立關係，再繼續進行溝通。如果你很容易恍神，每天做呼吸靜心練習可以訓練你更有效率地達到專注。假如你發現自己總是昏昏欲睡，無法集中精神，你的身體可能出了問題。你必須留意，長期睡眠不足也會阻礙你的專注力。

如果你只要閉上眼睛就容易打瞌睡，除此之外沒別的問題，那麼就睜著眼做直覺溝通吧。將你的視線移向地面或一片素色的背景，並且讓你的雙眼放鬆，形成柔焦。這樣做能防止你睡著。

特別訓練

問寵物喜不喜歡某樣東西

下面的練習，是你在前幾章做的「特別訓練」練習的進階。我將它們稱為「喜不喜歡」的練習。在這些練習中，你要運用直覺查出某隻動物喜歡或不喜歡某樣東西，例如：問一隻狗是否喜歡小孩或搭車兜風。

一開始，我會先讓你做一個以我為對象的練習。然後，再以我的狗布萊蒂為練習對象，你在第六章有跟她練習過。

在開始做底下的「喜不喜歡」練習前，你可以先做專注與建立關係的步驟程序，要做精簡版或完整版由你決定。你或許會想合併運用，你在這一章學到的幾個進階技巧。以下是專注與建立關係的精簡版：

深呼吸，感覺你跟宇宙智慧的連結，感覺你的心跟動物連結，然後開始溝通（睜眼或閉眼都可以）。

以下是完整的「專注與建立關係」步驟，若你對自己的直覺能力不是很有信心，不妨依序這樣做：

1. 放慢下來：吸氣，停一會，再緩緩吐氣。
2. 向下扎根：感覺與地心連結。
3. 保持正面態度：以一個正面說法驅散內心的所有懷疑。
4. 啟動直覺感應力：開啟你的直覺並連通至宇宙智慧。
5. 與動物建立關係：從你的心傳愛到動物的心。
6. 順從你的直覺：不管收到什麼，統統記下來。

最後，在跟動物對話結束時，要記得說聲「謝謝」。

練習對象一：作者瑪塔

連結宇宙智慧，查問我是否喜歡下列事物，請求相關的直覺資訊。順從感覺的指引。想像我處於各項目描述的情境中，看看你得到什麼結果。如果你什麼都沒感應到，就盡力猜，你必須寫點東西。

- 高空跳傘（背著降落傘從飛機上跳下來）
- 烹飪
- 參加高中同學會
- 早起
- 到海邊游泳

- 甘草

現在接著做下一個練習，做完再翻到書末看正解。

練習對象二：狗狗布萊蒂

連通至宇宙智慧，查問布萊蒂是否喜歡下列事物，請求相關的直覺資訊。順從感覺的指引。記下你所感知到的一切。如果沒有訊息傳來，就盡力猜。

- 下水：想像她身在一個淺水池、一條小溪、一面湖和海水裡。她在這些地方有什麼舉止？她看起來喜歡水嗎？她有在水裡嗎？她看起來想要游泳嗎？她是不是在追著一顆球或一根棍子？你看到或感覺到什麼？
- 小孩子：想像她跟不同年齡的小孩子在一起，看看她如何反應。有什麼圖像或感覺傳來？
- 紅蘿蔔點心：你有沒有看到或感覺到她喜歡還是不喜歡紅蘿蔔？
- 被刷毛和梳毛。

請翻到書末正解處，核對練習一和練習二的答案。

練習時間

練習15 跟其他人的寵物做「喜不喜歡」練習

請你的朋友替動物擬一份「喜不喜歡」問題列表（跟那隻動物的種種喜好相關的問題），答案你朋友知道而你不知道。如果你的朋友想不出來任何題目，那麼就從第九章提供的那份清單裡，挑選幾個「喜不喜歡」問題。你朋友給你的題目，必須以「喜歡」或「不喜歡」為答案。

你現在將要用直接方法來取得資訊。跟之前一樣，你要做專注與建立關係的步驟（精簡版或完整版由你決定）。但是這一次，跟宇宙智慧連通之後，你要直接跟動物對話並向他發問。這時你可以運用之前介紹過的那個技巧，想像你在面前的一面大銀幕上看見那隻動物。

在心裡說那隻動物的名字，想像你跟他互動。你可以想像你輕拍那隻動物，或給他一個點心。在溝通時，你將用想的方式向動物發問。舉例來說，你可能會在心中想類似這樣的話：「莎夏，告訴我你喜不喜歡貓，請你清楚地回答。謝謝。」

問了問題後，等著看有什麼訊息傳來。如果什麼都沒收到，就在心中對動物說明你的情況，請他回答得更清楚一點。你也可以想像那隻動物身在一個場景中，就像你在上一個練習對布萊蒂做的那樣。然後觀察有什麼事發生，彷彿你在看電影。如果你還是一無所獲，那麼就順從你的任何直覺，做出最好的猜測。你必須記下一些東西。等你全都做完後，向動物道謝，離開直覺感應模式，回到平常的清醒狀態。

接下來，跟你的朋友核對答案。你可以請你的朋友告訴你答案，而不必說出你得到的答案。如同之前所說，這樣做能減輕你的壓力。只要有答對，你要相信它是真的，並且給自己肯定。在你的正確答案旁邊做記號。要是你得到的訊息你朋友沒有提到，你就主動問他。你要跟多少動物做「喜不喜歡」練習都行，隨你高興。

練習16 找到你的動物導師

這個練習的目的，是在幫助你找到一個動物導師（animal guide），並向他請益。如果你對這方面感興趣，就做做這個練習吧。你可以用下面任何一種方式來做：

- 把這個練習讀完，然後舒服地坐著或躺著，閉上眼睛，憑記憶來做。
- 舒服地坐著或躺著，請別人唸給你聽。
- 把它錄起來，然後舒服地坐著或躺著，閉上眼睛，依循你錄的內容來做。假如你想要增添氣氛，可以在背景加上節奏緩慢的鼓聲（如果你有鼓，你可以自己打節奏；不然你也可以在背景播放緩慢、輕柔的鼓樂，配合視覺化想像）。錄音時，請記得保留下文括弧裡指示的靜止時間。

閉上眼睛，深呼吸，想像你沿著一條小溪向前走。感覺太陽的照耀，聞到溪邊香草植物與花叢的氣味。你持續往前走，發現這條小徑轉進一座樹林。繼續順著小徑走，在這座森林裡穿行。你走著走著，發覺樹林越來越稀疏。樹木越來越少，最後這條小徑豁然開朗，通向一片廣大的草原。遠方有連綿的高山。天氣好溫暖，草原真誘人，你決定伸懶腰，打個盹。（停二十秒，但鼓聲持續。）

你不曉得睡了多久，有個東西開始喚醒你。你逐漸意識到草原上不是只有你一人。你發覺有隻動物跟你在一起，但他感覺起來完全無害且毫不突兀。你張開眼睛看他是誰。可能是你以前認識的一隻動物，也可能是你從沒見過的一隻動物。他就是你的動物導師，來到這裡幫助你做直覺溝通，也為你的人生帶來助益。如果你不認識這隻動物，就詢問他的名字。問他為什麼來幫助你。（停三十秒。）

那隻動物現在將帶你踏上一段旅程，讓你體會身為這樣的一隻動物是什麼感覺。為了實現這趟旅程，你必須從人形變換成這隻動物的體形。開始感覺變化的發生。看著你的臉變形，你的鼻子、眼睛和嘴巴變成像那隻動物的形態。感覺你的手腳變成動物的手腳，你的皮膚與身軀變成動物的皮膚與身軀。如果那隻動物有尾巴，你就會長尾巴。感覺自己完全變成你的動物導師的體形。現在跟隨你的動物導師，讓他引領你展開旅程，了解他的生活方式。（停五到八分鐘。）

告訴你的動物導師，現在該回到草原了。返回那片草原，開始感覺你變回人形。感覺你的手腳恢復正常。感覺你的身體在轉變，你的髮膚變回原本的樣子。看著你的臉變化，全身回復為人形。謝謝你的導師帶你走過這趟旅程，離開前，問你的導師有沒有任何忠告要給你。（停三十秒。）問要怎麼再見到你的導師以及何時會再見。（停十五秒。）問你跟他要用什麼方式一起工作。（停十五秒。）現在給你的導師一份謝禮。它可以是真的禮物，或一個誓言或承諾，或直接給他你的愛。（停十秒。）

現在開始走回那條小徑，穿過樹林。當你回望草原時，你的導師已經不在那裡了。沿著這條小徑前行，一直走到溪邊，然後順著溪邊小路走，直到你返回自己的身體和房間。伸展肢體，張開眼睛，回到完全清醒的狀態。

第九章 怎麼問才能聊出好交情

你已經跟其他人的動物練習過直覺溝通。跟自己的動物對話難度更高，因為你已經很了解他們，以至於不管你感應到什麼，都會覺得是自己想出來的。在第十章，你將會跟自己的動物練習；為讓你做好準備，我建議你先跟不認識的動物多做一些練習。你可以繼續做我們已經做過的兩個練習：

1. 判定一隻動物的性格與喜惡。做完後驗證答案。
2. 問「喜不喜歡」問題。做完後驗證答案。

這些練習簡單明瞭，而且透過它們得到的資料是可以驗證的。還有很多別種練習方式。你可以想像自己是名記者，去訪問一隻動物，如同訪問一個人，問更多的開放式問題。我在章末收錄了幾個這類的訪問題目，供你試驗。

如果你越來越有信心，你可以自告奮勇替你朋友解決有關動物的疑難雜症。朋友的動物若是表現不佳，或出現不可解釋的行為，你就跟那些動物談談看，聽他們怎麼說。或者跟一隻疑似有情緒問題的動物溝通，看你能發現什麼。這類練習你也會在章末讀到。

你要不要做練習取決於你，這套課程完全以自主學習為導向。你也可以自由選擇你的練習方式。假使你想要照自己的意思做，嘗試完全跟我不同的方法，那就儘管去試吧！記得讓我知道效果如何。

到戶外去尋找練習對象

你可以跟平常在生活中遇到的動物練習，例如：市區裡的狗、散步時看見的動物或你馬廄裡的馬。你在外面的時候可能不方便閉眼，不容易專注，或沒把筆記簿帶在身上。這些都沒關係，你還是可以練習。你只需要以心靈向那隻動物打招呼，傳送愛的情感，然後直視那隻動物或將視線對著地板或某個物體，讓你不會受到視覺上的干擾。這樣子就算是準備就緒，可以對那隻動物提問或傳送心靈訊息了。

你或許可以傳給那隻動物一個讚美，表示你對他的某個特質的讚賞，像是外貌、風度、聰明或健康。動物跟我們一樣喜歡收到讚美。你或許也能透過心靈，告訴那隻動物你正在學習如何跟動物對話，然後看看發生什麼事。

我曾經這樣做過，結果一隻動物轉過身來，不可置信地盯著我看。如果你有時間（像是在獸醫診所候診時），你可以跟對方展開心靈對話，問那隻動物為什麼要來找獸醫。之後，你再問那隻動物的友人同樣的問題，查證你收到的直覺訊息是否正確。我曾在狗狗公園（dog park）做過這種練習。我坐在長凳上休息，請一隻我不認識的狗跟我說說她最喜歡的食物，然後我再問那隻狗的友人她最愛吃什麼。

你也可以問動物有沒有問題想問你，或有沒有話想告訴你。切記，不管你憑直覺收到什麼回應，你都必須認定它是來自那隻動物。否則你會沒完沒了地懷疑下去。假如你收到一個問題或陳述，你要盡可能認真地回答。

最後一個可以供你試驗的方法，是跟別人或甚至跟一群人一起練習。也許你可以跟一位同時在讀這本書的朋友作伴練習。你們可以一起跟同一隻動物溝通，再比對你們的答案。跟其他人一起練習，具有增進直覺能力的效果。你練習越多，進步就越多，就是這麼簡單。

練習時間

採訪動物

做這些練習時，請找你完全不認識或所知甚少的動物。你只需要一張照片或一小段特徵描述就能進行溝通，所以你可以跟朋友的動物，或跟住在別的地區的動物練習。如果你是透過特徵描述來聯繫，那麼務必要取得名字（馬的話要用暱稱（barn name））、年齡、品種、斑紋與性別資料。你將憑著特徵描述來想像那隻動物的形象或揣摩那隻動物的模樣。

練習17 請其他人的寵物自述性格

做這項練習之前，請先做一遍專注與建立關係的步驟，精簡版或完整版都可以，那些步驟的摘要請見第八章（第151頁）。此外，結束對話時記得向動物致謝。

直接請動物描述她的性格，並告訴你她喜歡與不喜歡什麼。記下你收到的所有印象，做完後驗證答案。請你朋友針對他們的動物，設計幾個明確且可驗證答案的「喜不喜歡」問題讓你作答。直接問動物那些問題。記下你所有的印象，做完後驗證答案。

練習18　可用於採訪的開放式問句題庫

在這個練習中，當你訪問動物時，你將著重於提問開放式問題，超越「是」或「否」的答案形式，有別於你之前做的「喜不喜歡」練習。

在以下問題列表中，挑出幾個開放式的題目，拿它們來問你朋友的動物。假裝你是一名記者，要去採訪那隻動物。如果意識中有任何變化發生，就順從它們的指引。記下你所有的印象，做完後驗證答案。

問你朋友的動物下列問題，記下你的印象，做完後驗證答案。

- 你有什麼特點？
- 你最喜歡的活動是什麼？
- 你最擅長什麼？
- 你喜不喜歡被人拍撫？如果是的話，喜歡人拍撫你哪裡？
- 什麼事情會讓你難過？什麼事情會讓你開心？

之後，也可以請他聊聊他的友人（也就是你的朋友）。問你朋友的動物下列問題，記下你的印象，做完後驗證答案。

- 跟我說說你的友人是怎樣的人。
- 你的友人會做什麼事逗你開心？
- 你的友人現在有什麼煩惱？
- 如果你能改變你的友人，你會改變他的什麼？
- 你最喜歡跟你的友人一起做什麼活動？

如果他願意打開話匣子的話，接著可以問他一些關於生活狀況的問題。問你朋友的動物下列問題，記下你的印象，做完後驗證答案。

- 你能否顯示給我看或對我描述你的家是什麼樣子？
- 你跟什麼動物住在一起，如果有的話？
- 你希望有更多的動物作伴嗎？如果答案是肯定的，你希望是哪種動物？
- 你的生活最近有發生什麼變化嗎？
- 如果你能改變你的生活，你會改變什麼？

練習19 詢問寵物問題行為的原因

自告奮勇去跟一隻有行為問題的動物對話。向動物查明是哪裡出了問題，為什麼她有現在這樣的舉動。幫助友人找到一些積極的方法來解決問題。

練習 20　詢問寵物情緒低落的原因

自告奮勇去跟一隻陷入情緒低潮的動物溝通。跟那隻動物交談，找出她心情不好的原因。問她要怎樣才能讓她心情變好。跟她的友人合作想出積極的辦法來幫助那隻動物。

練習 21　倒過來，請寵物問你問題

問那隻動物有沒有問題想問你，或有沒有事情想告訴你，張著眼睛問就好。盡可能認真地回答。問她明確的問題，例如：為什麼她那天要去找獸醫，或她最愛吃的食物是什麼。然後跟那隻動物的友人查證答案。

練習 22　跟其他人共同採訪一隻寵物

試看看跟一位或一群朋友一起做練習，以同一隻動物為溝通對象。比對你們的答案，藉此建立你們的自信心。

可詢問任何動物的問題列表

- 你喜歡什麼？不喜歡什麼？
- 你有沒有需要或想要什麼東西？
- 你喜歡其他跟你同種的動物嗎？
- 誰是你最好的朋友？
- 你對哪些人特別有好感？
- 你有沒有事情想告訴我或你的友人？
- 你喜歡小孩子嗎？
- 其他種類的動物你有喜歡的嗎？
- 你最喜歡的活動是什麼？
- 你最喜歡的地方是哪裡？
- 你最喜歡的玩具是什麼？
- 你喜歡去看獸醫嗎？
- 你幾歲？
- 你有沒有最喜歡的睡覺地點？
- 請描述你的家、你住的地方。
- 你最愛吃什麼食物？
- 你喜歡玩水或下水嗎？
- 你的規矩好不好？
- 你喜歡你的名字嗎？
- 請描述你的性格。
- 你怕什麼？

針對狗狗的問題

- 你喜不喜歡追貓？
- 你有沒有上過服從課程（obedience class）？
- 你喜不喜歡搭車兜風？
- 你常不常去渡假？

- 你對其他的狗友善嗎？
- 你喜歡去哪裡散步？
- 你去過海邊嗎？
- 你去過湖邊嗎？

針對貓咪的問題

- 你喜歡打獵嗎？
- 你喜歡你的家嗎？
- 你是隻家貓，還是街貓？
- 你對狗有什麼感覺？
- 你有沒有喜歡躲藏的祕密基地？
- 你的叫聲聽起來是怎樣？
- 你健不健談？
- 你喜歡音樂嗎？

針對馬兒的問題

- 天氣冷的晚上你有馬毯保暖嗎？
- 你曾被虐待過嗎？
- 你會介意上拖車嗎？
- 你平常都吃什麼？
- 你會跳欄嗎？
- 你生過寶寶嗎？（對母馬）
- 你平常會去走野徑嗎？
- 你有沒有自己的馬廄欄位？
- 你喜歡你的蹄鐵匠嗎？

第十章

哪些話題最適合跟寵物聊？

如果你跟動物住在一起，你或許有過這樣的經驗：你的動物盯著你看，而你知道他想要告訴你什麼，但你無法了解他的意思。在我接觸直覺溝通之後，我有一次被我的兩隻母貓珍妮和海柔盯著看。我剛洗完澡，正要走回房間去穿衣服，這時我碰見那兩隻小貓，她們並肩坐在浴室門外，直直盯著我看。我知道她們有話要說，於是我問：「你們兩個說吧。什麼事？」

結果我收到一股濃濃的憐憫：她們說替我感到悲哀，因為我沒有毛皮，不像她們一樣可以漂亮又滑順。至少我覺得她們是這樣說的！看吧，這就是跟自己的動物做直覺溝通的基本問題：難以驗證你得到的訊息。這一章將幫助你學會相信，你的動物透過直覺對你說的話。

為什麼跟自己的寵物對談反而困難？

你已經很了解自己的動物，至少你這麼認為。因此，當你嘗試跟他們對談時，你的邏輯思考很容易就會介入。你會覺得自己是根據對動物的了解，推想出他們的回應。有時候，你會從動物的行為得到印證，因而解決這種難題，因為在你們談過話之後，他做了某件具體的事來顯示你說的話他有聽見。我妹妹安妮跟我說過，她跟混種英格蘭拉車馬（Shire-cross draft horse）奧立佛有過這樣的經驗。

當奧立佛正在吃東西的時候（他最愛做的事就是吃），我妹妹說：「奧立佛，如果你是我真正的朋友，我們的關係真的像我想的那麼好，那就請你過來親我一下吧。」她說奧立佛真的停住不吃（簡直是奇蹟），走了過來，輕輕地推推她，依偎在她身旁。你不能指望每次都有這種明顯的證據，但只要你碰到這種情況，想不信都難。

跟不認識的動物做直覺溝通，通常很容易得到驗證，你可以直接問動物的友人，你得到的訊息是否正確。但若是跟自己的動物溝通，就沒人可以問了。為了擺脫這樣的障礙，我將提供給你幾個技巧。然而，你跟自己動物之間的情感關係可能會使溝通難以客觀。如果你正在應付一個讓你生氣的行為，或你的動物處於某種險境之中，你可能就沒辦法保持冷靜了。碰到這類情況，我建議你不妨尋求專業動物溝通師的協助。

首先，向你的動物解釋你正在學習直覺感應，說你需要他們鼎力相助。切記，跟你的動物說話時，要當作他們聽得懂你所有的話，就好像你在跟人講話一樣。許多人或許已經很會判讀自己動物的肢體語言，甚至可能知道從心中冒出的哪些想法是來自動物。而現在的目標，是要能夠隨心所欲聽見他們對你說話。最後，你將能夠跟你的動物對談，就像跟人對談一樣流暢無阻。

這裡有兩條基本原則。當你跟自己的動物溝通時，這兩條原則將幫助你清晰、明快地接收訊息：

- 原則一：如果你覺得他們想跟你說話，他們就是想跟你說話。就算只是稍微想到、意識到或感覺到你的動物有話要對你說，也都要認定你的直覺是對的。這時候就放下手邊的事，好好跟他們談一談吧。
- 原則二：不管你感知到什麼，都要認定是來自你的動物。當你跟你的動物談話與請求訊息時，要認定你收到的任何印象、情緒、話語、視覺圖像或感官知覺，都是你的動物透過直覺傳給你的訊息。不要質疑或懷疑那些訊息！

跟自己寵物溝通的技巧

在此介紹幾個跟自己動物溝通的技巧。其中一些是我想出來的，一些是我的學生推薦給我的。建議你親自做做看，看你喜歡哪種方法。請時常跟你的動物練習，過不了多久，聽取你動物的直覺信息將會猶如你的本能反應。

1. 開始建立聯繫

你跟自己的動物溝通時，不需要經過專注與建立關係的步驟，你們的關係已經建立好了。你們可以直接對談，不需要客套。你可以睜著眼溝通，將視線移向某個物體，放鬆成柔焦，也可以閉著眼睛做。

當你跟自己的動物對談時，請記住，不管是放聲說話，還是透過心靈傳送想法、感覺或圖像訊息，都是可行的。不論你採用哪種模式，不論你們的距離是近是遠，你的動物都會收到訊息。

2. 請對方發問或給予意見

剛開始跟自己的動物溝通時，內容最好是簡單、輕鬆的。如果你的貓會刮東西，或你的狗會亂吠，可別拿這些問題當作你們第一次的溝通功課。相反地，要找到能讓你們兩方都感到愉快的方式來練習。有一個方法是，請對方先發問。問你的動物有沒有問題想問你，這樣做可以減輕你的壓力。如果沒有問題傳來，那就改天再問一次。若是你真的收到問題，一定要認定它是來自你的動物，並盡你所能地認真回答。

接下來，再問他還有沒有其他的問題。我回答我動物的問題時，喜歡把話說出來。對我來說，這樣能讓整個溝通過程感覺起來更真實。做這個練習時，你也許會發現你輕輕鬆鬆就跟自己的動物講起話來了。

你也可以請你的動物，傳給你一種感覺、一幅圖像或一個想法。有時候，這個練習會自然而然地進展為雙向的直覺交流。我最愛用的方法是，詢問動物對於某件事的看法或建議。什麼話題都好，從居家布置到你的生活或世界上發生的時事，你都可以請你的動物分享看法或提供建議。只要記住，不管你收到什麼建議或看法，都要認定它們真的是來自你的動物。每次都要盡你所能地認真回應。

3.相信自己接收到的訊息

跟自己的動物建立雙向溝通的真正訣竅，是相信你所接收到的訊息。下面的案例說明了這種方法如何產生效果。莎拉上了我的入門課之後，現在每天跟她二十歲的阿拉伯騸馬維爾第做直覺溝通，她分享了這則故事：

我曾經有一次懷疑維爾第和我的對話。維爾第不久前，前腿跛了。我問他哪隻腳痛，他說是右前腳，接著我收到一個石傷（stone bruise）的印象。隨後我請一位獸醫過來，他說維爾第的左前腳可能長了一個膿瘡，我以為或許是我沒聽對維爾第的意思。我們拔下蹄鐵，但他完全沒有膿瘡。兩個星期後，我們把蹄鐵裝回去，他看起來都好好的。後來，到他下一次定期更換蹄鐵的時候，蹄鐵匠說他的右前腳出現白線病（white line disease），可能是石傷之類的傷害導致的。我當時真不該懷疑自己！

4.漫談一些無目的性的問題

另一個在你開始跟自己的動物對談時用得上的好方法，是問無目的性的問題，像是：「你最喜歡什麼顏色？」「你最喜歡哪一種天氣？」或提出任何無利害關係，而且不會讓他感受到威脅的問題。重點在於，找出有趣的問題。在問了問題之後，無論接收到什麼印象，都要認定那是來自你的動物。

維吉妮亞在跟我上過一次個別指導課程後，立刻對她的花馬（paint horse）魔術試了這個方法。在下課後準備回家時，她透過遠距離默問魔術喜歡什麼顏色。當她收到藍色的回應時，她吃了一驚，因為她很不喜歡那個顏色。這讓她覺得，那個訊息可能真的是魔術傳來的。在回家途中，她去幫魔術買了一套新的籠頭，挑到一款漂亮的藏青色籠頭，連她自己都喜歡。她替魔術戴上它時，他似乎對她買的款式感到非常滿意，那個顏色跟他搭在一起好看極了。

5. 警覺到你動物發出的信息

動物時時都在傳給我們直覺信息，只是我們聽不見。不過，我們還是會對他們的信息有反應，也許是幫他們補充水碗的水，或者開門讓他們進出，只是我們會以為那些動作是起於我們自己的念頭。若要更敏感地覺察自己動物的信息，你就要對跟你動物有關的直覺感覺與印象保持警覺。打開你對你動物的心靈意識。每次只要你感覺到他們想告訴你什麼，就順從那股感覺，辨認它的來源。

米恩娜寄給我關於另一匹馬的故事，那匹馬名叫愛克斯塔茲，是她最近買下的一匹溫血騸馬。來跟她住之前，愛克斯塔茲一生經歷過許多風風雨雨。米恩娜寫道：

我跟我妹妹出去，要慶祝她兒子的生日。回來之後，我到馬房去跟大伙打招呼。

但我還沒踏進門，就感覺到一股強烈的懼怕感，我知道愛克斯塔茲有些不對勁。我馬上走到他那裡，他將頭靠到我胸前（他總是會這樣做），並閉上眼睛。我抱著他，也閉上自己的眼睛，然後我聽見他說話。他用極為不安、哀傷的聲音說：「你為什麼不告訴我你要離開我？我不知道你會不會回來。」

我整天陪著他，讓他放心相信他是安全的，這裡將是他後半輩子的家。我告訴他如果我暫時離開，我一定會回來。家裡有動物的人，如果打算要離開一段時間，應該要花點時間告訴動物自己要去哪裡和什麼時候會回來，我覺得這點很重要。

6. 閒坐片刻等待訊息傳入

許多人是高標追求者，已經習慣於超時工作、承受壓力，和把自己逼向極限而獲得獎賞。可是這些慣性，對於直覺感應的培養是有害無益的。若是你能悠哉悠哉、到處閒晃、做白日夢，或只是單純坐著、無所事事，你的學習成效反而會好很多。請在沒有時程表、沒有計畫與放下期待的狀態下，純然悠閒地跟你的動物待在一起。你將發現，訊息會在不經意的情況下，自然而然地傳送給你。

練習時間

跟自己的動物聊天

接下來的練習，集結了本章介紹的所有技巧。請親自練習看看，看它們的效果如何。如果你的動物不只一隻，你可以跟每隻動物做這些練習；你也可以固定每天做其中幾個練習，當作是你跟自己動物的例行功課。

對於自己的動物，你應該可以直接開始談話，不需經過專注與建立關係的步驟。但是，如果你想做那些步驟當然也行，在第八章（參見第151頁）有列出摘要。試試看，睜著眼睛跟自己的動物對話。當你憑直覺傾聽時，可將視線移向地板，並放鬆成柔焦。練習時，別忘了拿出筆記簿，記下你所接收到的答案。

在練習前，別忘了對寵物說明你在做什麼。告訴你的動物，你想要做雙向的直覺溝通，將做幾個練習來熟練這門技巧。每次練習時，請求你的動物盡力幫助你。

練習 23 請寵物傳遞訊息給你

請你的動物傳給你下列項目：

- 一幅圖像
- 一股氣味
- 一種情緒
- 一股味道
- 一個話語
- 一個想法
- 一種身體感覺

練習 24 請寵物對你提問

問你的動物是否有問題想要問你。保持高度的專注，不管有什麼問題傳來，都要把它當作是來自你的動物，並認真回答。接著，再請動物問另一個問題，直到你把所有問題都回答完為止。

練習 25 和寵物漫談無目的性的話題

問你的動物下列問題，或你自己擬幾個問題：

- 你最喜歡什麼顏色？

- 你最喜歡我的哪個朋友或親人？
- 你的夢想是什麼？
- 你想要去哪裡渡假？
- 你最喜歡一年當中的哪段時間？
- 如果可以選擇，你想當什麼動物？

練習 26 尋求寵物的建議或看法

請你的動物針對某事給你一些建議或提出看法，可以是關於你正在做的事，或你生活中所發生的事，或其他任何話題都好。你覺得你接收到什麼，就說出來，對你的動物複述一遍。

練習 27 談談彼此期待的溝通方式

在你的理想中，跟你的動物對話是怎樣的情境，請你想像它。在你的想像中創造一齣關於這種經驗的電影，越真實越好。告訴你的動物這是你的夢想，問他需要讓什麼事情發生，你們才能以這種方式對話。接著問下列問題：

• 有沒有任何往事，是你希望我知道的？
• 你有沒有任何問題，是我應該知道的？
• 你對於我們的互動，感覺如何？

練習 28 隨時保持開放的溝通心態

當你在你的動物身邊時，請提高自己的直覺敏感度。看看你在日常生活中，能否感應到他們的心情。對細微的變化保持警覺！若是得到任何他們想要談話的跡象，就花點時間陪陪他們，問他們想要談些什麼。一定要切記，當你跟自己的動物溝通時，不管什麼訊息傳進來，都必須承認它們是來自你的動物。

練習 29 閒來無事等待訊息自動傳來

找個你沒有責任包袱、沒有約會也沒有憂心事的時間。預定至少花半個小時，單純地坐在你的動物旁邊。觀察你的動物，並放掉一切的期待和猜想。全然地和他待在一起，享受你全心全意與動物相伴的時光。

第十一章
探問寵物的過去身世

你現在已經知道，直覺溝通有許多實際應用方式。我經常用這門技能，來幫助客戶查明動物收容所的背景或獲救動物的過往，你也可以用它來解決動物的行為問題。你已經練習過憑直覺聆聽動物說話，現在你可以採訪他們，詢問他們對於種種事物的感覺，譬如他們的名字或你們一起做的活動。你甚至可以用你的直覺來實驗看看，預測跟你動物有關的事件結果將會如何。

詢問過去的經歷

運用直覺溝通查明獲救動物的過往經歷，不只對那隻動物好，也對認養人有幫助。查出動物以前經歷過什麼事，並知道什麼可能引發他的恐懼或喚起受虐的記憶，對於一隻曾遭受虐待的動物來說特別重要。如此一來，我們才能避免這些心理刺激，或替動物化解心結。

喬蒂與麥克見證了這個方法的成效，他們經營黃金獵犬回家之路救援與收容中心（Homeward Bound Golden Retriever Rescue and Sanctuary, Inc.）——一個設於加州沙加緬度（Sacramento）的非營利救援組織。有一天，喬蒂打電話來，跟我談起一隻名叫道奇的公黃金獵犬，說這隻狗很危險，他們不能把他放在家裡。她和麥克不敢打開道奇的板條箱，甚至擔心他會咬破箱子跑出來。道奇不肯直視他們，而且只要一接近他，他就會齜牙咧嘴。他們找我來判定，這隻狗還有沒有回歸正常的希望。喬蒂和麥克正慎重考慮是否要將他安樂死，這是有史以來他們第一次考慮這麼極端的手段。

當我跟道奇對談時，我收到關於他過去生活的影像與感覺。我看到一個被柵欄圍住的狗籠，一個女人很怕他；那女人用一根棍子戳他，要把他擋開，同時將食物丟進他的狗籠裡。喬蒂之後證實了這些細節。我跟喬蒂說，我跟他談話時，我沒有感覺到他決心要對人類使壞。相反地，我感覺到他害怕、困惑且極度鬱悶。

我給了喬蒂幾個建議，其中一個建議是要她對道奇出聲說話，向他說明情況。我也請喬蒂告訴他，對他有什麼期望；如果他想要跟他們住在一起，他必須怎麼做。我也請喬蒂告訴道奇，如果他無法改變行為，會發生什麼後果。我要她靠近他的籠子坐著，閉上眼睛，打從心裡傳愛給他。我還要她唱歌給他聽。還有很多其他的建議，全都是以改善道奇的行為為出發點。

我還建議她替他改名。我的看法是，他的舊名字緊密連繫於他過去的悲慘經歷，因此他每次聽到它就會興起敵意。我建議人們，只要名字牽連著負面的情緒包袱，就要替動物改名。以下是喬蒂敘述這件事如何落幕：

收到你的建議後，我們想了一個新名字，叫塔斯曼，並立刻替那隻狗改名。我跟他說話，告訴他我們要再給他一次機會，同時我照你的指示，想像從我的心傳愛到他的心中。他的行為起了立即的變化。一開始他變得很憂鬱（可能只是自然的情緒過渡，反映他從不適應搬家的狂暴狀態緩和下來），然後他終於願意直視我。

在幾天之內，他從張牙舞爪變成一隻笑容滿面的狗。因為他的過去，是他確實對女人有些心結，有些動作我是不能做的，例如餵食後拍撫他，從上面或透過籬笆摸他。但我現在是信任他的。當他看見我時，他是開心的，會跑來迎接我。他超愛塔斯曼這個名字。他也愛我的丈夫。麥克會跟他玩摔角，或替他刷毛跟按摩，這些塔斯曼都很愛。塔斯曼會跟著我們一輩子。

我跟獲救動物或收容所中的動物做溝通時，打電話聯繫我的那個人常常知道一點關於那隻動物的事（寫在收容所認養卡上的零星資料，或關於那隻動物被移交的一些事實）。每次我受託調查動物的過去時，都會囑咐人們先不要告訴我任何他們已經知道的事。之後，我會拿自己得到的結果，跟他們已有的資料做比對。

我們兩方的資訊越吻合，我們就越能相信我發現的其他資訊也是準確的。就算沒有關於那隻動物過往經歷的現成資料，傳來的直覺訊息還是可以憑動物的行為表現來證實。我諮詢過亞莉八歲大的激飛獵犬（Springer Spaniel）莎米，事後亞莉寄給我這則分享：

一年前，我在一所動物救援機構認養了莎米。你說，她告訴你她以前是跟一個老婦人在一起生活，那個人的歲數大概六十出頭，莎米是別人送她的一份禮物。你感應到那位婦人深愛著那隻狗，莎米過得很快樂。然後你看到那位婦人生重病，隨即就過世了。之後，你感應到莎米被移轉給這一家的其他成員，他們沒有把她照顧得很好，隨後她就被送到動物收容所去，被動物救援團體認養，那裡就是我和莎米相遇的地方。

在那次溝通後不久，我發現每次出去散步時，莎米總是會特別走近老婦人，注視著她們的臉。她彷彿在確認：「你是不是我的媽媽？」我手上有送她到收容所的那個家庭的文件資料，最後我鼓起勇氣打電話過去。我接到對方的回電，是莎米前友人的兒子打來的。

他的母親果真是在六十二歲去世，而莎米是照亮她生命的光。她兒子在莎米七歲時買下她，當作禮物送給母親。我沒有問他為什麼送莎米去動物收容所，因為這好像是個敏感話題。不過，那個兒子很高興莎米的故事有個圓滿的結局。

探問前世與轉世

有些客戶會打電話來請我調查動物的過去，但他們指的是前世，不是此生的過往經歷。許多人相信動物也會轉世，並相信生命中的動物曾經在其他時間以不同形式與自己相伴。在我開始探索這個領域之初，我對於轉世的議題沒有什麼特別的看法，因為我一直對宗教信仰秉持包容的態度，對於宗教議題沒有任何成見或立場。

然而，經過多年來跟動物溝通的經驗後，我逐漸相信他們確實也有前世今生。如果轉世這個觀念你覺得不可置信，或者跟你的宗教信仰牴觸，你盡可以跳過這段內容，當作我從沒提過這個觀念。我沒辦法說服你相信轉世的發生，也不打算去證明。不論你相不相信前世今生這回事，完全不影響你跟動物做直覺溝通。

就我個人而言，根據我跟動物對話的經驗，我可以胸有成竹地說他們會轉世；而且，他們不只能轉世為動物，也能轉世為人。當我向一隻動物問起他跟某人的前世生活時，我常常得到類似這樣的回應：「我是她的人類兒子。」或「我們是一起生活的狼（或鳥、貓）群。」這種回應很常出現，因此我不會質疑轉世的真實性。

我也相信，我們人生中的動物已經跟我們有過多次前世之緣，與我們關係親密的人也是一樣。我之所以對此深信不疑，跟我現在養的狗布萊蒂有關（你在第六章跟她做過練習）。我是在動物收容所認養布萊蒂的，她當時是一隻五歲的幼犬。我想要一隻體型小的黑色母狗陪伴我跟我的另一隻狗，因此選中了她。我帶她回家之後，她開始有一種怪異的行為：只要逮到機會，她就會溜到我身後，跳到我背上，用腳環抱我的脖子，並舔我的耳朵。

每次她這麼做，我就會立刻想起十二年前發生的一件事。當時，我在一間獸醫診所，不得已讓我的老狗瑪卡接受安樂死。事後我走出診所並乘車離去，當我在車上坐著時，我收到一幅瑪卡化身幼犬的視覺影像。在這幅影像裡（感覺起來幾乎像電影場景），她坐在我肩上，從背後舔我的耳朵。那時，我以為她只是來道別，以幼犬的形象向我顯現。我認養瑪卡時她已經是成犬，我從沒看過她幼犬的模樣。因為布萊蒂不斷重複做這個從背後舔耳的舉動，我開始懷疑她是否就是瑪卡轉世。

這件事跟我有切身的關聯，我自己問她會不夠客觀，因此我打電話給我的一個同事，請她問布萊蒂她是否真的就是瑪卡。我的同事回電說：「沒錯，她是瑪卡，而且她覺得很納悶，你怎麼會過了這麼久才弄明白！」自從我接到那通電話之後，布萊蒂再也沒有做過那個舉動了。

客戶們常常問我，他們的動物是否曾跟他們在一起生活過。當我向動物查問時，有時候會收到一個童年寵物的影像或名字，像是一匹名叫黛西的小馬或一隻名叫弗列德的灰貓。依據這些經驗，我得出一個結論：有很多我們的動物，會決定再度回來跟我們一起生活；而且，我們不需要主動去尋找他們，他們自然會想辦法找到我們。

問一隻動物是否曾在此世以另一副軀體與你相伴，方法就跟所有的直覺溝通法一樣：對動物發問，然後注意傳回來的訊息。你也可以請動物跟你說說他的前世，當你詢問有關前世的問題時，你可能會收到單單一個影像、感覺或話語。

那可能是很曖昧不明的訊息，譬如汪洋上的一艘船的影像。這時候你應該要繼續問下去，提出能幫助你發掘細節與釐清影像意義的問題。以船的影像為例，你或許可以問這樣的問題：「這是哪裡？是什麼時候？這艘船上誰是你？你的友人也在船上嗎？」一般來說，查問前世所得到的答案是無法驗證的，因此在實際嘗試的時候，你應該把這純粹當成一個有趣的練習。

動物在我們生活中的使命

我相信，跟我們形成親密關係的動物，就是我們的老師與靈魂伴侶。他們向我們示範，如何無條件地付出愛；教導我們如何與自然融為一體並活在當下，就像他們一樣。有些時候，他們在我們的生活中有別的特殊使命，像是我知道我的馬狄倫是來教我怎麼幫助其他的馬。而我的貓珍妮佛，是我的直覺溝通老師。既然你現在能聽見你的動物說話了，你不妨問問她，選擇留在你身邊有什麼特殊使命。

取這個名字對嗎？

多年來，我曾跟許多被冠以爛名字的動物工作過：麻煩、危險、呆瓜、臭臭、膽小鬼、暴跳、殺手、種馬、冰淇淋和愛哭鬼，我還可以再列下去。每次我聽到有人說，他們雖然很不喜歡自己動物的名字，但因為怕動物不習慣新名字所以也沒有替動物改名。這說法彷彿動物會被搞糊塗，不曉得自己是誰。每次我聽到人這樣說，總是不禁感到訝異。

我希望你現在已經知道，你只需要對你的動物出聲說話，把事情解釋清楚，你的動物就會懂了。我還沒碰過有著蠢名字卻不願意改個好名的動物。若是動物受過虐待或來自不愉快的環境，你所能做的最佳協助之一，就是幫她換個名字，這能立即有效地幫助動物開始療癒創傷。

如果你正想方設法解決動物的行為問題，改名是個輕鬆又不花錢的好方法，它沒有什麼害處，只可能帶來好處，反正沒效的話再換回原來的名字也行。就以我的客戶和我自己來說，我發現這個方法效果驚人。我的橘毛小貓吉以前很愛打架，他跟我說他討厭他的名字，想改名叫瑪爾瑪拉德。我反彈了一陣子，因為這個名字沒辦法縮短。要麼叫瑪爾瑪拉德，要麼就不叫這個名。我最後還是選擇讓步，改了他的名字，結果他變得更體貼，不再那麼好鬥。

當然，你應該先問問你的動物滿不滿意現在的名字。如果滿意，就不用改；如果不滿意，那就問她想要取什麼新名字。假如動物沒有意見，你就自己想幾個名字，然後問你動物喜歡哪一個。好好花點時間，尋找最能表現那隻動物的最佳可能性的名字。我建議你列一張表，考慮一段時間，再決定採用哪個新名字。

寵物最想為你做什麼？

動物們喜歡感覺自己是有用的，就跟人一樣。假如一隻動物有行為問題，你當然應該要檢查她身體是否出了問題，或看看生活環境中有沒有任何引發不快的事物。如果這些調查都沒有結果，可以試試看給那隻動物一些新工作去做，這不失為一個有用的辦法。

跟我們生活的動物會自己執行許多工作，即便他們沒有被要求。他們會保護我們，安慰我們，逗我們開心。在一個有許多動物的家裡，你常常會注意到某一隻動物是和事佬，某一隻可能是年幼或新進動物的老師，某一隻可能是公認的接待員，還有其他職司等等。一般來說，這些工作是動物自己想要做的。你也可以指派特定的工作給動物，或許你已經在自己家裡這麼做了。從實際的差事到較屬於情感或心靈性質的工作，你都可以指派出去。這裡列舉幾個例子：

- 在你回家時迎接並問候你
- 驅策你去戶外運動
- 留意家裡其他的動物，有任何問題就通報你
- 給你建議
- 支持你達成計畫
- 幫助你解決人際關係方面的問題或生活中的困境（但要表明清楚，讓那隻動物還是要自己健康快樂地活著，不要替你承擔過多的負面事物。）

我的貓海柔幫助我寫作，她是我的繆思，每次我坐到電腦前，她都會陪在我旁邊。我的狗貝爾會陪我清理房子，每當我使用吸塵器和拖地時，他總是陪在身邊，讓打掃成為有趣的事。我會跟他們說，我多麼感謝他們的付出。

當你分派新差事給你的動物時，記得要將它寫下來，貼在你容易看到的地方作為提醒，並觀察你的動物有沒有做到。只要你看到她有做，一定要大力地誇獎她，不管是人或動物都希望自己的工作表現受到肯定。另外，也別忽視你的動物原本就在為你做的事，要記得獎勵和讚美他們。請跟你的動物談談，查出他們正在做哪些工作，以及是否滿意現在的工作表現。如果不滿意，就換別的差事做。

寵物是你的一面鏡子

獸醫師馬汀・葛德斯坦（Martin Goldstein）在其著作《動物治療的本質》（The Nature of Animal Healing）中，談論到一種他稱之為「共鳴」（resonance）的現象。❶葛德斯坦從行醫經驗中觀察到，動物的傷病常常跟他們一起生活的人所患的傷病一致。他推測，這可能是因為動物具有高度的移情傾向。另一個他研判的原因是，動物試圖讓自己成為他的友人的映照，以揭露對方身體的疾病與失調，藉此警告他們。

大部分的動物都是心胸開放且充滿愛心的，他們不會在自己與友人之間設下任何隔閡。他們像海綿一樣，會吸收我們的能量狀態。舉例來說，假如我們對他人懷有恐懼或敵意，動物可能就會有攻擊他人的傾向；或者，當我們陷入低潮時，他們就會變得鬱鬱寡歡。當他們有這樣的表現時，是在把自己當成一面鏡子，顯示出我們的情緒失去平衡，讓我們有修正的機會。他們這麼做也許是故意的，出於好意要幫助我們，也有可能是無意的，不知不覺被我們的情緒所感染。

動物常常模仿我們生病。請仔細觀察你動物的健康問題。如果你懷疑你的動物是在反映你的健康問題，就跟她好好談一談。向她解釋說，如果她這麼做是為了幫你，你很感激她有這份心，可是你希望她過得健康快樂。請她換一種方式，作個健康快樂的模範讓你來效仿。

若你察覺你的動物在模仿你的某個負面特質，不管是行為還是疾病，你都要跟她溝通，告訴她你更希望她怎麼做。之後你要身體力行，改掉你的不良行為或增進健康。這個做法常常能消除你動物身上的相同問題。

預見未來會發生的事

如果你能憑直覺看見過去，那你應該也能憑直覺看見未來。人們考慮認養新動物時，我會替他們做這件事。我會想像那隻動物在未來的某個時間（比方說兩星期後）跟那個人相伴，或跟那個人目前所養的動物一起待在家裡，看看結果是怎樣。到目前為止，我的預測算是相當準確，也對我的客戶們起了幫助。

不過，要我預測懷孕的動物會生出公的還是母的寶寶，我就沒有那麼準了。我不會把直覺力用在賭賽馬，因為我不贊同那種事業。但許多時候，能感知一下未來是很方便的。舉例來說，有位朋友最近打電話找我，他心情不好，因為他的馬跛了，來替馬看診的幾位獸醫都說那匹馬後半輩子只能跛腳了。我察看未來六星期後的情況，看見她的馬康復，她再次騎著那匹馬。大約一個星期後，她的馬幾乎完全復元；她找了另一位獸醫，他說那匹馬將會恢復健康。

預見未來的主要方法，是想像未來的情境或事件。觀察這個未來的場景，彷彿你在觀賞一齣電影，看看出現什麼影像、感覺或話語。你也可以向宇宙智慧請求資訊，把每一個傳入的印象記下來。

練習時間

聊聊過去、現在和未來

這些練習將會讓你實際做做這一章所涵蓋的所有要點。你可以跟自己的動物，也可以跟朋友的動物做這些練習。哪一種專注與建立關係的方法對你最有效，就選哪一種來做（那些方法在第八章參見第151頁有摘要）。你可以張著眼也可以閉著眼做，看哪種方式你覺得比較順。每當你想要專注、放鬆並敞開直覺的時候，用深呼吸引導你進入狀態。記得在筆記簿裡，寫下你所有的答案。

練習30　查問寵物的過往經歷

請動物顯示給你看，或告訴你她過去發生過什麼事。如果你得到的訊息曖昧不清（例如只有一個後院的影像），就再詢問更多的資訊：那個後院看起來是什麼樣子？她經常得待在那裡嗎？她可以自由進去屋內嗎？她常去散步嗎？假設你感覺到她是跟一家人住在一起，那麼就問問她那裡住了多少人，他們年齡多大，他們的外貌是什麼樣子。問她住在那裡的時候，有什麼感受。假如你追根究柢，並問對問題，應該就能清楚知曉關於她的過去。

練習31 探索寵物的前世經驗

請動物顯示給你看，或告訴你她是否曾經在此世跟她的友人共處過。當你接收到印象後（可能是影像、感覺或話語），請那隻動物更詳細地敘述與解釋她傳來的訊息。請她提供名字與特徵描述，以查出她過去是什麼動物。

接下來，詢問有關她前世的事情。當你收到關於她前世的印象時，記下那個訊息，並請那隻動物提供更多的細節。查明那隻動物在那輩子是什麼（可能是另一種動物或是人類）。問她在那一世發生過什麼重要的事，和她曾依據那輩子的經驗做過什麼決定。如果你是跟自己的動物練習，就詢問你和她在那一世的關係是什麼，和其他相關的細節。

練習32 問寵物是否喜歡他的名字

問動物喜不喜歡自己的名字。如果不喜歡，就追問原因，並問她想要什麼名字；如果她喜歡自己的名字，也可以問她為什麼喜歡。

練習33 問寵物是否喜歡他的工作

問動物她現在的工作是什麼，問她是否喜歡那些工作。假如不喜歡，就問她原因，並問她想要做什麼工作。你也可以提出幾個你希望她做的差事，看看那些差事是否能引起她的興趣。

練習34 問寵物是否在反映某人的情緒狀況

問動物是否在模仿你（或她的友人）的某種身體或情緒狀況。如果是的話，跟她好好談談這件事。跟動物說，你希望她健康快樂地生活，她過得越好，你越高興。跟她解釋說，你希望她停止模仿，改而作個健康快樂的榜樣。接著，你要努力改掉你的不良行為或健康起來（或建議動物的友人這麼做），因為這對動物才是有益的。

練習35 記下預見未來的影像

想像關於某隻動物的未來情境，例如：即將到來的表演賽，到一條新的鄉間小路野騎，或是去看一位新獸醫。觀察這個未來事件，彷彿你在看一齣以此為主題的電影。記下任何閃現的影像、感覺或話語。你也可以問問宇宙智慧這件事在未來將如何發展，然後不管什麼印象傳入都記下來。

第十二章

查明病痛之因，傾聽死前遺言

人們若是有動物生病或受傷，通常是嘗試過所有辦法都沒效之後，才會尋求動物溝通師的協助，不過，隨著越來越多人認識這個領域，溝通師被找去幫忙的時間有提早的趨勢。直覺感應能獲取有助於改善動物病情的資訊，當人們面對安樂死的道德兩難，無法決定要不要讓罹患絕症的瀕死動物接受安樂死，或不曉得該何時執行安樂死時，若能夠直接跟動物溝通，也是很有幫助的。此外，在動物死後與他們的靈體聯繫，可以減輕人們的悲痛。

在本章中，我將解釋醫療直覺感應（medical intuition）與能量療法（energy healing）的步驟。我將以自身經驗告訴你維持動物健康的方法，以及在動物瀕死時該如何幫助他們。這章的末尾有醫療直覺感應的練習，也有跟患病或受傷動物溝通的練習，供你實際做做看。

什麼是醫療直覺感應？

醫療直覺感應（以直覺洞察一個個體的健康狀況），動物和人類都適用。跟動物進行這類溝通時，我會詢問動物的健康狀況，很像醫生跟人類病患問診。雖然可能得到極為準確的結果，醫療直覺感應絕對不行被當成一種診斷工具來使用，因為直覺感應總是有可能出錯。在我同意對一隻患病或受傷的動物進行醫療直覺感應前，我會要求那隻動物必須先由專業動物醫療人員診斷過。

醫療直覺感應超越了傳統醫療的範圍，進一步探索傷病在情緒、心靈與精神方面的潛在因素。有時候，改變生活環境或排解情緒問題能讓身體病症隨之解除。

醫療直覺感應的做法

以動物為對象的醫療直覺感應，跟一般的直覺溝通過程差不多，只不過要注意，別讓自己承受那隻動物的任何痛苦或不適。假如你不慎吸收到不好的能量，你應該要知道如何釋放它們。在這一章裡，這兩種方法你都會學到：避免承受動物的症狀，和清除不慎吸收到的有害能量。

我不願看到動物溝通師抓著自己的背說：「噢，你的動物背痛很嚴重，我能清楚感覺到就在這個部位。」每次看到類似的情況，我總是感到擔心。要查出動物的病痛並不是非得如此。這個做法不但對動物的病情無益，還會讓你很不舒服。判斷動物的症狀（甚至感知那隻動物的身體感覺），而不用將那些症狀或痛感帶進自己的身體是可行的。方法很簡單，只要將你的意念清楚設定在：我無須承受那隻動物的任何疼痛、病症或情緒。這需要一些練習，但這方法是有效的。

不過有時候，你可能會不小心從動物那裡吸收到負面能量。在你剛開始練習時，這種狀況無疑會發生，不管你多麼熟練與謹慎，這還是可能會發生，因為人類跟其他動物一樣有移情傾向。如果你曾經待在一隻悲傷欲絕的動物身邊，你可能還記得，要讓自己不受那隻動物的情緒感染是多麼地困難。

在此提供一個方法，能釋放你不慎吸收到的情緒與身體痛苦。假設你在跟一隻不肯進食的動物對談，你的胃開始痛，或你開始感到想吐。這時候，將那股感覺當成是黏附在你身上的殘餘物，用你的雙手將那股感覺從你的身體「拔開」或「擦掉」，把它往地面拋擲。持續做這個動作，直到你覺得那股感覺消失。當你將那股能量拋向地面時，想像它將被大地回收，再度轉化為有益的能量，宛如堆肥。然後，繼續你們的談話，同時抱持一個新的意念：清楚接收訊息，但不要承受那隻動物的不適感。

對患病或受傷的動物問診

當我跟患病或受傷的動物溝通時，我總是先請動物告訴我，他有什麼症狀和身體哪裡不舒服。然後，我會問他，能不能告訴我問題的起因和他覺得是哪裡出了差錯。我會請他詳細說明，他以前生過的病和受過的傷，或生活中可能影響他健康的事物。

當然，我會將我從這過程得到的一切資訊視為純粹的猜測。如果動物的友人知道那隻動物的病史和受傷記錄，部分資訊就可以立即得到證明。其他資訊則必須由專業動物醫療人員來驗證。除非能以某種方式驗證，否則直覺醫療訊息永遠都該被視為猜測。

查明疾病背後的情緒因素

依據我的經驗，許多受馴養動物常見的疾病與傷害，是不健康的環境和（或）不當的照顧與療法所造成的。我相信，整體健康照護（holistic health care）、無毒環境和有機天然飲食，配合積極、非暴力的訓練方法，能解決或消除許許多多我們已經置之不顧、聽天由命的動物的健康問題。❶

但從另一方面來看，當你的動物生病或受傷時，尋查潛在的情緒因素總是有用的。壓力或甚至過去的創傷，很可能是動物疾病與傷痛的潛在原因。動物生病也可能是因為他在模仿某人的情緒、行為、疾病或傷痛。碰到這類情況，最好跟自己的動物好好談一談。

如果是跟生病或受傷的動物溝通，就應該調查這些疑點，並請動物描述他的生活環境或情緒狀態。你也應該試著判斷，那隻動物是否在模仿他的友人的任何病症，如果答案是肯定的，就去查出原因。我也喜歡進一步向宇宙智慧請求額外資訊，最後會問動物，他認為要怎樣才能病癒。

為寵物做身體健康掃描

能量持續不斷地激活身體。運用直覺，你就能根據動物體內的能量狀態，獲取關於動物的健康狀態的印象。我所提供的身體檢查法要用到你的雙手。你可以面對面進行，也可以隔著遠距離。如果你身邊有動物，就先從那隻動物的頭開始，沿著對方的身體緩慢移動你的雙手，不要碰到他。基本上，你是在感受動物體內的能量狀態。

進行這個動作時，閉上眼睛能幫助你專注。注意動物身體讓你感到「不對」的部位。你可能會感覺到冷或熱，或發現你的手自動停在某個點。在手移動的過程中，你可能會感覺到粗糙、僵硬或虛弱的地方。如果你夠專注，你應該能透過雙手察覺動物體內的某些能量變化。

當你察覺到異樣或覺得找到了一個有問題的部位，就停下來問那隻動物他的那個部位有什麼感覺，那裡是否有任何傷病的症狀。如果你無法從動物那裡獲得明確的答案，別忘了，你隨時可以改用間接提問法，向宇宙智慧查明問題所在。記下任何傳達於你的印象，這是永遠不變的重要原則。我通常會先畫好那隻動物的素描圖，再把我找出的問題部位標示在素描圖上。

跟動物隔著遠距離進行溝通時，檢查身體的方法還是一樣，只是在這個情況下你必須想像那隻動物置身在你面前，接下來才用你的雙手執行工作。當我進行遠距檢查時，我常常將動物「縮小」成比較好處理的大小，讓他可以坐著，然後在我的書桌上對著那隻動物的影像做檢查。所以，如果我工作的對象是一匹馬，操作起來就像在檢查一匹馬的小型公仔。

有些時候，我會用另一種方法來檢查動物，以此來取代或作為手感檢查的補充。那方法就是，想像自己成為那隻動物並存在於那隻動物的體內。在執行這個方法之前，我會先更新意念，設定為自己不承受那隻動物的任何症狀，因為這種方式會讓我更直接地感知到動物的感覺。當手感檢查無法獲取足夠的資訊時（不管原因是什麼），這種技巧就能派得上用場。

舉一個我最近碰到的案例，一匹馬拒絕向右轉，原因查不出來。我是透過遠距離幫那匹馬做檢測，我想像他在我面前。當我檢查那匹馬的身體時，我收到的資訊很模糊，所以我改用另一個方法，想像自己就是那匹馬。我閉上眼睛，想像自己在那匹馬的體內。就這樣，我開始能感應到那匹馬的感覺。我想像往右轉，這時候我覺察到那匹馬的右肩有一陣強烈的疼痛。我同時還覺察到，馬鞍緊壓在那匹馬的肩膀上。根據我所意識到的現象，我研判那匹馬的馬鞍可能有問題。我感知到那匹馬的感覺，但我沒有攬下那些感覺。

我建議那位女士，請一位馬科獸醫來診斷她的馬，並找專業馬鞍師（saddle fitter）來檢查她的鞍具。後來，馬科獸醫證實那匹馬的右肩會痛，而馬鞍師則建議那位女士給她的馬訂製另一副馬鞍。換用新的馬鞍後，那匹馬右轉不再有困難。

清除掉有害的能量

替動物檢查完身體後，最好清理你的能量場，就算你沒有感受到那隻動物的症狀，也要確保沒有吸收到有害的能量。就像我之前所說，你可以做出將多餘的能量從你身體拔除的動作，將它們拋入地上被大地回收，以這個方式來清除能量。

動物適用的能量療法

「能量療法」（energy healing）的意思是，以引導能量的方式來促進療效和增進健康。我相信每個人都能用能量來治療，就像每個人都能憑直覺來溝通。我們生來就能做到這件事，每個人都有一雙具備治療能力的手，但我們不一定知道雙手有這樣的功用。基本上，每一種能產生治療效果的技巧，都涉及能量的平衡。

根據我的經驗，休息、物理治療（physical therapy）、運動、草藥、順勢療法（homeopathy）、針灸（acupuncture）、其他替代療法和經過選擇的傳統醫藥，都具有增進體內能量平衡和培養體力的效果。當你的能量平衡而強健時，就會處於最理想的健康狀態。話說回來，「能量療法」這個詞，後來專指有意地將癒療能量傳導給另一個個體的技術。它有幾種做法，你可以將雙手貼著對方的身體來做，或讓雙手離開身體表面，甚至隔著遠距離做也行，道理就跟直覺感應可以隔著遠距離進行一樣。

有意地引導能量以供治療之用，這跟用意念和祈禱來治療很相似。拉瑞・多西（Larry Dossey）醫師研究心靈在治療過程中所起的力量，在這方面著述甚豐。❷他所主持的科學研究證明了祈禱帶來療效的現象。

「靈氣療法」（Reiki）是比較廣為人知的能量療法之一。靈氣療法原本是從日本發展出來的，現在學習它的人遍及全世界。研究靈氣療法之類的技術，能幫助你學會掌握自身的治療能力，不過你現在就可以開始自己試驗看看能量療法。

如何用能量進行治療？

我將介紹一個用能量來治療的簡單方法。（在本章末尾，我會把這個方法做摘要整理，給你幾個練習，讓你自己試試能量療法。）在你開始之前，先確認跟你練習的動物想要接受能量治療。

進行能量治療時，你將汲取地心與浩瀚宇宙的癒療能量。請想像癒療能量從大地和宇宙傳向你。你可以閉上眼睛，感覺能量的流動，或者將能量想像成一種顏色（例如金色的光）從地面和從頭頂上傳進你的身體。你汲取這些能量後，導引它們穿過你的身體，從你雙手的手掌釋出，傳給需要治療的動物。

如果動物在你身邊，你可以直接將手放在動物身上，也可以離他幾英尺站著或坐著，手掌正對那隻動物，意念集中於需要治療的部位。如果你是透過遠距離施作，你可以閉上眼睛，想像那隻動物身在你面前，將手掌正對那隻動物的影像。

身為一名能量治療施作者，你的任務很單純，只是從大地和宇宙汲取癒療能量給那隻動物。你不是用自己的能量來治療動物，因此你本身不會有耗弱的風險。

如果你對動物做過醫療直覺感應，你應該會知道他的哪些部位需要能量。你可以傳送能量到動物全身，同時加強那些感覺起來最虛弱的區域。當你傳送能量時，你可能會感到手掌發熱。等動物接受到能量後，你可能會感到手掌變冷。不要刻意施力。只要讓能量維持在那裡，讓動物取用他需要的就好。傳送過程要非常地柔緩，因為動物比人類敏感得多。你不需要做太多，只需要供應能量就好。你無須主導或理解這整個過程，來自大地和宇宙的能量自會流向需要的地方。

有時候我只是想像開放能量流通，然後請動物收取他的所需。然而，你可能會發覺某些部位感覺起來是凝結的或阻塞的。當你的手停在動物身體的那些部位上時，你可能會有冰冷或粗糙的感覺。若是發現這種情況，你可以將阻塞的能量拔出動物的身體，拋給大地回收。

能量治療要收尾時，我都會傳送額外的能量，並附帶這麼一個意念：希望那隻動物能得到他復元所需的一切。我祈求宇宙，賜予那隻動物所需的營養補充品、專業獸醫、身體工作者或生活環境，讓他成為一隻健康快樂的動物。傳送癒療能量的時間要多久，依你自己的感覺而定。

當能量傳送夠了的時候，你應該會感覺到。你可能會發覺能量流變慢或漸漸終止，或直接透過直覺從宇宙智慧收到訊息，得知你已經傳夠多了。當你覺得該結束時，以傳愛作為收尾。然後依照本章之前所教的，清除你自身的能量。你也可以去洗手，作為一種在形式上清除能量的方式。

寵物的健康保健事

對於大部分委託案，我最終會提供的協助，是把整體醫療照護資源和相關從事者推薦給寵物的飼主。我之所以這麼做，是因為人們打電話找我解決的問題，有許多跟動物情緒無關，也跟動物家中的情況無關。那些問題的性質，比較偏向身體、保健和營養問題。

我建議人們找位整體獸醫師（holistic veterinarian），來照顧自己的動物。整體獸醫師會同時運用傳統醫學和替代療法，像是針灸、脊骨神經醫學（chiropractic）和按摩，以及草藥、營養學和順勢療法來搭配治療。整體獸醫師也會評估一隻動物需要哪些疫苗，以及要隔多久注射一次。大多數的整體獸醫師認為，我們常常給動物注射太多疫苗。❸此外，整體獸醫師也會教你怎麼運用順勢療法，以消解疫苗的副作用。

整體獸醫師能幫助人們，減少使用或完全捨棄有毒化學物，包括用於消滅跳蚤、蒼蠅、蝨子和體內寄生蟲的化學藥劑。更重要的是，防止動物接觸到殺蟲劑或環境中的其

他毒物，包括施用於馬房或莊園邊田地的農業化學物，以及地下水可能含有的毒素。❹

最後，整體獸醫師能替動物設計天然、健康的飲食。我發現我的動物吃有機農法耕種的食物（不用殺蟲劑、不用基因改造技術）能達到最理想的健康狀態。（人也應該這樣吃！）儘管還是會餵我的動物吃生肉，但我會盡可能確保他們吃的肉，是以人道方式養殖的。對於動物的整體醫學保健資訊，我平常會上網查資料，並閱讀這方面的期刊和書籍，盡量掌握最新的相關議題。

針對狗和貓的特別建議

大約七年前，在我開始餵我的狗和貓天然食物，而捨棄商業食品之後，我發覺到他們的健康有驚人的改善。現在，許多人餵狗和貓「生食」或「生肉骨」（BARF, Bones and Raw Food）。我見證過這類食物的神奇功效，因而極力倡導。倘若人們沒時間替動物準備天然食物，我建議買頂級的商業食品——不含肉類副產品的食品。❺你可以看食品標示來檢查它的成分。

我的部分客戶是素食者，他們餵狗不含肉與骨的天然食物。我的看法是，如果你夠細心並做足研究，你可以對狗這樣做❻，但我不認為貓可以只靠素食維生。對於素食者，只養天生吃素的寵物或許是個好主意，像兔子、馬、羊和鳥，因為這樣做可排除掉殺生吃肉的道德難題。❼

針對馬的特別建議

在馬的飼料選擇上，提倡自然的人士們建議減少使用紫花苜蓿（alfalfa）草料或飼料丸。行為舉止、訓練表現、腎臟與腹痛的問題，都跟過量餵食紫花苜蓿有關。❽最好不要讓馬吃到糖或任何人工防腐劑（看一看飼料成分標示）。我的馬科替代療法獸醫建議我，讓馬服用益生菌（probiotic），將有助於消化。益生菌補給品含有增進消化所需的好菌，例如嗜酸菌（acidophilus），這在大多數飼料商店都買得到。

一定要讓馬隨時喝得到大量的水。小型自動餵水器無法讓馬一次攝取足夠的水分，要是斷電的話，馬可能會缺水而導致腹痛。供水的最佳方式，是用幾個固定住的大水桶或一個大澡盆，天天加滿水。冬天的時候，要防止水結冰，不然就要定時敲破飲水槽裡的冰。

馬的牙齒應該每年都要接受檢查，我請一位馬科牙醫負責這件工作，得到的成效也最好，因為這些人具有專業知識與技能。牙齒照顧不當或疏於照顧，會讓馬無法順利咀嚼食物，影響營養的吸收，還可能引起嚴重的肌肉痛、脊椎脫位、攻擊行為或其他行為問題。只要出現跛腳症狀，就要檢查蹄鐵。好的蹄鐵匠不容易找，你可能需要多做比較。遇到跛腳的情況，除了找獸醫外，請教脊椎治療師也頗有幫助。

如果一匹馬戴上鞍具後出現異常舉止，有可能是因為馬鞍不合。專業馬鞍師會鑑定鞍具是否合適。好的馬鞍師不好找，這件事可能需要花時間去找。如果一匹馬被人騎乘時有不良的表現，問題可能出在馬鞍、籠頭或口銜，也可能是他的骨頭或肌肉出毛病，或者是騎師的技術有問題。看你要先從哪裡著手都可以，但查出問題之前切勿輕言放棄。假使有訓練師勸你拋棄那匹馬，絕對不要聽他的話。

如何幫助瀕死動物？

動物對死亡的態度跟我們不一樣。他們不會把死看成是恐怖的事，也不會將死亡視同於終結。他們比我們更能意識到靈界的存在，所以知道靈魂是不死的。對動物來說，死亡不是我們所想的一切完結。

跟瀕死的動物溝通時，我發現他們常常希望借助外力讓自己快點死去，縮短痛苦的時間。公爵即為一例，他是一匹老馬，他的蹄部患了嚴重的病。他的友人患有癌症，生命危在旦夕。莎拉伸出援手，主動照顧公爵。她試了幾種療法，卻還是無法控制他的病情。公爵和莎拉感情很好，從他的表現來看，他每次看到莎拉都很開心，也喜歡有她的陪伴。

可是，莎拉懷疑公爵因為承受不住巨大的痛苦而想尋死，於是打電話請我查證是否真是如此。當我跟公爵溝通時，他說他只要一走路腳就痛，而且連睡覺都沒辦法睡。他說他已經準備好要走了，又說他很無助，這麼多的痛苦讓他感到很悲哀。莎拉證實了他幾乎無法走動，以及他已喪失求生意志的事實。她沒有猶豫，立即做種種必要的安排，請獸醫來結束公爵的生命。

雖然動物不怕死，但動物臨死時還是會為終須脫離此生而悲傷。他們知道此世的經歷不可能再重來，而這一生有過的種種緣分都是獨一無二的。當一隻動物死時，家裡在世的動物和其他動物朋友都會陷入悲痛的情緒，這點與悲傷的友人們無異。雖然他們知道，這位朋友可以轉世回來，但也了解，等他回來時形體已經不一樣了，而在那之前他可能會離開好一段時間。

準備跟寵物告別

當一隻動物從身體的存在形式，過渡到靈體的存在形式時，你可以做下列這幾件事，讓那隻動物更好走，也讓愛他的朋友們更好受。（你可以將這份清單，分享給任何你知道正面臨這種情況的人。）

- 請你的動物給你一個清楚的表示，表明他是否想要借助外力結束生命。
- 告訴你的動物，你從他那裡學到的所有事情，以及你感謝他出現在你生活中的所有原因。
- 做一本有關你動物的回憶、詩與照片的紀念冊。
- 替你的動物設一個祭壇（altar）。
- 決定你將怎麼處理他的遺體（土葬或火葬）。❾
- 舉辦告別會，邀請他所有的動物朋友來參加（氣氛要歡樂！）。

- 坐在你的動物身邊，閉上眼睛，感覺他的能量，讓你能夠在他化為靈體後，認出那股能量。
- 跟你的動物說，你希不希望他以另一副軀體回到你的生活裡。

如何決定離去的時間？

你可以用直覺感應跟一隻瀕死的動物交談，查清楚他想不想要別人幫助他結束生命。不過你得到的訊息，可能會出乎你的意料。有些看似準備好要離世的動物會告訴你，他們打算再撐久一點，因為他們想要陪伴他們的友人直到大限來臨。神奇的是，有些動物甚至會從鬼門關前回來，繼續再活個一兩年。

還有一些動物會告訴你，他們早就準備好要走了，想要別人助他們一臂之力。也有一些動物會說，他們還不能離去，要等到他們的友人比較能平靜地面對他們的離世。溝通時，我盡可能不預設看法，而是力求客觀地傾聽那隻動物的心願。若是動物準備好要離去，想要借助外力結束生命，這時候動物的友人如果能聽見並接受他的意願，動物會走得比較輕鬆、無牽無掛。

與往生的寵物做連結

我相信動物在脫離肉體之後，會以靈體待在我們身邊。我認為他們這麼做，是為了幫我們度過離別的哀痛。我的狗都格過世之後，我能感覺到他的頭在我膝上，有時候還會聞到他的體味。有一段時間，每當我們做他最喜歡的活動（吃和散步）時，我就會感到他的存在。許多客戶曾打電話，來告訴我類似的經驗：瞬間瞥見某隻動物以前睡的床上有凹陷的痕跡，或看見地毯上有泥掌印，仔細看卻漸漸消失。這些都是信息，讓我們曉得我們的動物仍然以靈體與我們相伴，即使他們必須離開受損、衰敗的肉體。

根據我的經驗，一直要到我們度過悲慟回歸正常生活，他們的靈才會離開，但如果我們召喚他們或需要他們，他們則永遠都在。動物的死帶給我們的悲傷，猶如失去生命中重要的人一樣，甚至可能有過之而無不及。動物給予我們誠懇、單純的愛，失去這份愛絕對不好受。能在他們死後與他們對談可以幫助減輕悲痛，但承受失去的痛是跟動物分享生活的必經歷程。

我深信，如果一隻動物想要再跟你為伴，他一定會找到你。你不需要做任何事，只要注意你的直覺感受就好。你若是對一隻動物產生奇妙的契合感，可能是因為那隻動物曾經跟你共處過。假如你相信轉世，你可以直接跟你往生的動物說，如果他願意，你很希望他再回來，並請他在回來的時候清楚地讓你知道。

練習時間

談論身體病痛及死亡

練習36 跟生病或受傷的寵物問診

請動物顯示給你看，或告訴你他身體哪裡不舒服。務必要記下一切，不要自行篩選訊息。接下來請動物告訴你他的病史：他受過什麼傷？患過什麼病？記下你得到的答案。查問有沒有任何事物正影響著他的健康，並問他的病是不是為了映照出友人的狀況。

問動物知不知道他需要什麼，來使自己康復。然後向宇宙智慧請求額外的資訊，補充你可能疏忽的地方。如果你不小心從動物那裡染到任何有害能量，就要淨化你的身體，將那些能量拋給大地回收。持續做這個動作，直到負面的感覺完全消失。

你所得到任何關於動物身心狀態的資訊，都有可能是錯的，務必要了解這一點。當你向動物的友人傳達你得到的結果時，必須特別留意強調這一點。假如你收到悲觀的消息，要解釋說你不知道它是否正確。跟那位友人說，你想知道有關那隻動物的後續消息。至於你的資訊正不正確，讓動物的友人去做最後的判斷。

練習37　為寵物的身體做能量掃描

問動物可否允許你為他作能量掃描，如果得到肯定的回應就進行下去。拿出你的筆記簿，畫下那隻動物的草圖。你可以將它畫成半張A4紙的大小。想像那隻動物在你面前並跟他聯繫。從他的頭開始，用你的雙手檢查他的身體，感覺哪裡有出問題。如果有發現，就停下來，在你草圖上的對應部位做記號。然後問那隻動物那個部位出了什麼毛病，也問宇宙智慧同樣的問題。記下你得到的答案。接著繼續做，直到你把對方全身都掃描過。

練習38　傳送癒療能量給寵物

問動物可否允許你傳送癒療能量給他，如果感覺恰當就進行下去。想像癒療能量從大地和宇宙輸入你體內，然後從你雙手的手掌流出。想像那隻動物在你面前，將能量傳輸給那隻動物（再提醒一次，不管動物距離你是近是遠，你都可以這麼做）。當你傳送能量時，可能會感覺到手掌發熱。等那隻動物收到能量後，你可能會感到手掌變冷。不要刻意出力。你可能會發現動物身體有凝結或阻塞的部位。碰到這些部位時，要將能量拔出動物的身體，向下拋給大地回收。

當你覺得傳送完成時，再多傳一點能量過去，附帶這個意念：不管那隻動物需要什麼助他痊癒，都會被帶來給他——他恢復健康快樂所需的一切，不管是營養補充品、醫療從事者、身體工作者還是生活環境的改善，他都能得到。接著傳愛過去，並照之前介紹的做法清除你自身的能量。如果你想要，也可以去洗手，當作一種清除能量的方式。在筆記簿裡記下，你在治療過程中收到的任何印象。

練習39 跟寵物談論死亡

請一隻動物（你的或其他人的動物都可以），告訴你他對死亡這件事有什麼感覺。這是他會擔憂的事嗎？他對這個話題有什麼想說的？

練習40 聽取瀕死寵物的遺言

如果你的朋友有隻動物快死了，你可以自願提供幫助，替他跟那隻動物溝通。我發現這種溝通對於動物的友人，能起極大的安慰作用。如果你的朋友想要你幫忙，就請他把他想問動物的問題列成一份清單。然後問動物是否了解現在正發生什麼事，問他對這情況有什麼感覺。將你朋友給你的問題一一問過他。結束談話前，問他還有沒有任何話要說。

你也可以對自己的動物做同樣的事。這會比較困難，因為悲傷和憂愁可能會影響你，但你如果想試就試吧。

練習 41 跟往生的寵物聯繫對話

你可以跟你以前相伴過的動物，或跟朋友的動物做這個練習。如果你不信轉世，直接把最後幾個跟這主題相關的問題去掉就好。跟往生動物的靈聯繫，問動物下列問題：

- 你過得好嗎？
- 你所在的地方是什麼樣子？
- 你有沒有什麼生活回憶想跟我分享？
- 你想說些什麼？
- 你還是靈體嗎？或是已降生在新的軀體裡？
- 你打算回到肉身裡嗎？如果是的話，可以跟我談談更多細節嗎？

第十三章

他在哪？找回走失的寵物

用直覺感應來尋找走失動物是有難度的。許多動物溝通師寧願不做這樣的工作，因為跟其他類型的溝通比起來，所得到的答案往往比較不準確。有人打電話來請我尋找走失動物時，我會讓他們知道我得到的答案並非確定的。不過，我也會告訴他們，我曾經引導有些人找回他們的走失動物，所以我知道碰碰運氣或許會成功。但這畢竟是碰運氣，因此如果資金有限，我會建議人們不如把錢花在廣告和傳單上。我會警告說，我提供的任何有關走失動物的資訊，必須被看作是猜測，除非那資訊能被證實。

當動物失蹤時，我建議立刻採取以下行動：

- 在附近區域以及動物最後現蹤地點的一英里半徑範圍內廣貼傳單。
- 請該地區的鄰居、學童、郵差或快遞員以及工人協尋那隻失蹤動物。
- 詢問該地區的動物收容所、動保團體、寵物店、動物服務公司和獸醫診所。
- 請朋友們祈禱那隻動物平安回家。如果你知道有誰會做能量療法，請他們傳送能量保護那隻動物，並助他平安回家。

我的貓瑪爾瑪拉德走失時，我腦袋裡一直想著他可能會遭遇不幸。這是不好的。應該要想像與失蹤的動物重逢，並想著她是安全且受保護的，這樣子才對。

動物走失時，有人可能會覺得睡覺是浪費寶貴的搜尋時間。可是，睡眠不足會導致搜尋沒效率。你反倒可以利用睡眠時間，來收集有關失蹤動物的直覺資訊。睡覺的時候，直覺是最強的，你也可以在夢中開啟你的直覺感應：在你上床睡覺前，出聲說你想要在夢中取得有助找回那隻動物的資訊；然後，確定床邊準備好了紙和筆。將鬧鐘調到比平常起床時間早五分鐘，早一點醒來能幫助你更清楚地記得你的夢。隔天早上在下床之前，把你還記得的夢境鉅細靡遺地寫下來。

準確度的問題與走失動物案例

我沒有精確計算過自己對失蹤動物的感應準確率，但我粗估，準確率大約是六到七成。對於其他的直覺工作，我估計我的準確率差不多八到九成。根據我從客戶那裡得到的回應，關於動物是生是死、身在哪個方位和距離多遠，我通常能說對。但關於動物的遭遇，有時候我得到的細節可能會失準；而有時候，儘管我盡了最大努力，動物始終沒被找到。

用直覺尋找走失動物，是一件極難掌握的事，幾乎稱得上是一種技藝。接下尋找走失動物的委託案，可能會出現情緒激動或帶來極大的精神折磨。我曾考慮過不要再協尋失蹤動物了，因為它所衍生的負面因素太多。然而，這方面的工作我到現在已經做了超過十年，也曾獲得一些圓滿的結果，我實在不願意拋棄長久累積的經驗。況且，協尋成功能夠造就美好的重逢。

舉個例子，有對夫妻為了他們失蹤的貓打電話給我，那隻貓在他們渡假的時候從寵物寄宿所（boarding kennel）逃出來。我跟那隻貓聯繫上之後，他顯示給我看他確切的路徑，包括方向和他目前的位置。我回溯他的腳步，宛如在一齣電影裡：離開那間寵物寄宿所，往北走過兩條街，再往西過兩條街，最後到一間灰色的大倉庫，緊鄰一間迷你倉（mini-storage）公司和幾條鐵路軌道。

那對夫妻依循線索，找到了每一個參照點。他們發現那間倉庫，原來是一間洗衣廠。他們看到了他們的貓，但他不願跟他們走。他們嘗試設圈套捉他，在那倉庫邊坐了幾個小時，但那隻貓就是不肯束手就擒。因此，那對夫妻又打電話給我。這次，我跟那隻貓對談，表明他的友人多麼愛他，然後教他怎麼走回家。我囑咐他旅途中該如何照顧自己，並鼓勵他找到回家的路。沒多久，他走進了他家的貓門。

在成功案例中，細節的精準度有時候是很驚人的。舉例來說，歐克力夫婦打電話來，請我尋找他們的紅毛緬因貓（Maine coon cat）塔茲。我告訴他們，我相信塔茲是躲在幾間舊農舍裡，並提供給他們我從他那裡感應到的方位與距離。但他們說那個地區沒有老舊建築，只有新房子。

我清清楚楚地看到了上世紀初，那種以老舊石材與深色木頭蓋成的建築。我想應該是我錯了，但我鼓勵他們進一步去查訪。他們回電話給我，說他們找到一個舊式的建築群，如同我描述的那樣，而且那個地方在一九〇〇年前後曾是一個天體營的營區。他們到那裡去找塔茲時，發現了石屋和高窗，跟我描述的一模一樣，卻不見塔茲蹤影。那片土地上有隻活動自由的大狗。那對夫妻請人把狗關起來，方便他們找貓。那天下午，塔茲現身在自家門階上。雖然不能完全確定，但我們認為，他是等到那隻狗不再是威脅後，才終於從藏身處出來，一路跑回家。

有時候，就算我說中了失蹤動物的情況，卻高興不起來。曾有一位女士打電話來請我尋找她走失的貓，我十分肯定他被一隻郊狼吃掉了。事實上，我甚至有看到那隻郊狼，我感應到是隻母狼，有一窩幼狼要養。我還感應到，哪裡可以找到含有那隻貓的毛皮的郊狼糞便。那位女士證實了那個地區有一隻郊狼出沒，與我得到的訊息吻合，並且在我指出的那個地點，找到她的貓的毛皮混在郊狼糞便裡的證據。

為什麼寵物協尋不易？

除了原有的各種局限之外，還有一些特殊狀況會發生在失蹤動物的溝通工作上。人們打電話來尋求協助時，通常是處於心緒不安的狀態。情況可能很危急；他們想要得到立即的關照，於是執行的壓力落在溝通師身上。人們問的第一件事，是動物的生死。可是，如果溝通師的資訊錯誤怎麼辦？這是有可能發生的！

我接過一個失蹤的狗的案子，我看到那隻狗在山丘上奔跑。我之後才知道，事實上那隻狗一出去就遇難了，有一根樹幹砸落在他頭上。我檢討這個錯誤，結論是那隻狗其實並不知道他死了。他衝出籬笆，想要出去探險，但是因為死亡發生得太快，他繼續他的探險之旅，沒意識到自己已經是靈體。

我總是請我的客戶不要告訴我他們的猜測，也不要告訴我其他動物溝通師的發現。如果我從其他來源收到太多訊息，我在感應時就會難以保持客觀。

有些時候，走失動物會封閉自己而難以聯繫。有這種情形的動物，可能是處於恐懼或痛苦中。有些動物告訴我他們死了，卻拒絕透露他們怎麼死的，他們不希望他們的友人知道那些悲慘的細節。我也曾碰過根本不想回家的動物，不過這種案例非常少。喬蒂的貓皮亞傑就發生過這種情況，喬蒂帶他一起去探望她女兒時，皮亞傑逃到了一個他不熟悉的地區。

我告訴喬蒂，往她女兒住的那一區的後方走，找一棟灰色房子，後院有白色石子路，屋主是一對老夫婦。喬蒂找到了那棟房子，住在那裡的老夫婦前一天曾在他們的院子看見皮亞傑。這下我得再查出他的新位置。喬蒂和我一度用手機通話，我在線上協助她追皮亞傑，在那附近區域到處追。我指示她去找一棟木屋，屋旁院子有長蒲葦。她找到了那裡，皮亞傑卻又迅速溜走。我們一次又一次找到他，但我們跟不上他的速度。捉貓行動耗了一個月。最後，他探險膩了，自動出現在他最初逃離的那間屋子的後門，尋覓晚餐。

讓感應過程困難的最後一個因素是，你可能無法立即得到回應。動物有動物的時間感，不同於人類的時間感（尤其是貓，貓不管做什麼都要拖很久）。有些客戶會在走失發生的半年或一年後，才寄電子郵件來跟我說他們的動物原來還活著，跟我當初講的一樣。而且那些動物是突然出現在家中，看起來完好無恙，舉止自然，好像什麼都沒發生過似的。

找回的走失動物

對於尋找走失動物，我所能給的最好建議，就跟我對於其他類型的直覺溝通的建議一樣：不管你接收到什麼，一概收下；不管有什麼傳入，順從感應。當然，你一定希望動物還活著，但「認可你所接收到的訊息」是固定不變的原則。你也許會被理性引誘，根據案件中的既存證據做出某些符合邏輯的結論。你要抗拒那股欲望，接納你所收到的訊息。

你首先需要取得失蹤動物的詳情。如果你不認識那隻動物，就請對方提供完整的描述或照片。請動物的友人，確切告訴你發生了什麼事。詢問事實就好，其他的不要問，並詢問是否有人看見過那隻動物的行蹤。

許多溝通師還會要求，提供那隻動物失蹤地區的地圖。如果你想要以地圖追蹤也無妨，用個擺錘或占卜杖來幫助你判定，地圖上的哪一處最可能找到那隻動物。❶就我來說，我不需要擺張地圖在我前面。我是直接用直覺從遠方觀覽那片區域並訪問那隻動物，藉此判定她去了哪裡。等我取得了失蹤動物的所有詳情之後，我通常會透過網路查看那個區域的全圖。如果我感應到的資訊符合地圖上的地景特徵，就能指引人們去到我感應的某條河、某個公園或某條街。

到底是生是死？

判定動物的生死，是最關鍵的步驟。你在這個階段做出的判斷，關係到你跟一隻走失動物溝通的所有內容。我判定動物生死的方法是直截了當地問她，並告訴她準確提供這訊息是多重要的事。然後，我會轉而專注於我的直覺，記下傳入的任何訊息。

我也會觀照內心，看看自己對於接收到的資訊有什麼感覺。它讓我感覺動物是活著，還是死了？如果答案不清楚，我會再問一次，直到得到感覺起來比較踏實的答案。我會要求收到話語，因為那是我最可靠的直覺溝通模式。跟走失動物交涉時，你應該要以自己最擅長的感應模式去做。

碰上了什麼狀況？

等到對動物的生死狀態有把握後（雖然我從來不敢確定），我會請她告訴我大致發生了什麼事。如果我覺得她死了，我會問她是怎麼死的。然後，我可能會收到描述死亡經歷的話語或圖像。如果我覺得動物還活著，我會問諸如此類的問題：「你身在何處？你碰到了什麼情況？」隨後我可能會感應到動物受困的感覺，或者動物會傳給我一個陳述，像是：「我迷路了，不知道該怎麼回家。」或者，動物可能會顯示給我看，一棟屋子的圖像並表明她跟某人在一起。

每隔一段時間，我就會碰到一隻自作聰明，說自己只是出去玩樂的動物。接到這樣的案子，我會勸那隻動物不要再折磨她的友人，趕快回家。我曾遇到兩隻這樣的貓，兩隻貓的友人分別是兩位女士，她們是跨洋的好朋友。住在荷蘭的希爾薇，丟失了她的公貓畢爾嘉，然後住在加州的艾蓮教她寄電子郵件找我幫忙。

我跟畢爾嘉聯繫上後，他顯示給我看他正在熱戀中。我勸畢爾嘉回家，隔天他就回家了。一年之後，當我受希爾薇之邀到荷蘭授課期間，我接到艾蓮從加州打來的電話。艾蓮的公貓派柏失蹤兩天了，她很著急。我聯繫派柏的同時，艾蓮在電話另一頭等候。派柏告訴我，他在外面遊玩，離家並不遠。我說，他必須馬上回家，因為艾蓮很憂愁。幾分鐘之後，艾蓮回電話給我，說派柏已出現在家門口。

詳細探詢事情的經過

等我得知大致情況並感安心後，我會請動物顯示給我看，從她離開到現在的經過情形。接收這類資訊時，我感覺就像置身於動物體內，從她的眼睛望出去，回溯她所有的行動。不過，有時候是從上往下鳥瞰全景。為了判定那隻動物所走的方向，我會讓自己面向動物離去的屋子的前門。之後，當我跟動物的友人述說時，就能告訴他們那隻動物的確切路徑。

通常來說，我能看見那隻動物在哪些地方轉彎，並約略估測她走了多遠。有一次，在我報告給對方我溝通的結果後，他們找了獵犬來搜索，結果那些獵犬真的不偏不倚地按照我描述的路徑移動。

當我跟走失動物交談時，我會請她顯示給我看，她在路上有看到什麼，然後我會記下任何可能透露她所在位置的地標。如果我覺得那隻動物是被偷走的，我會試著取得事發經過的細節，包括涉案人、車的特徵描述，和有關偷竊動機的線索。

寵物現在身在何處？

我會試著用直覺追蹤動物的行動，一路追蹤到她目前的位置。然後我會問一連串問題，設法取得談話當下她所在之處的線索，越多越好。

我會問的問題如下：你知道回家的路嗎？你回得了家嗎？有人跟你在一起嗎？如果有，可否描述他們的特徵？在我跟你談話的此時，你身在何處？在你目前的所在地，你有聞到、嘗到、看到、聽到和感覺到什麼？你有沒有受傷或遭到傷害？你餓或渴嗎？你現在心情如何？你想不想回家？然後我會依據我得到的答案，盡我所能給那隻動物建議或安撫。

尋求宇宙智慧的援助

若是走失動物家中有其他動物，我會請他們告訴我，關於那隻動物的情況他們知道多少。他們可能有看到過什麼事，或可能跟那隻走失動物做過直覺接觸而知道什麼消息。我也會查問宇宙智慧，是否我有疏漏任何資訊。

什麼時候該放棄？

對於走失動物的案子，我會努力兩次到三次，要是這樣還沒發現任何有用的資訊，我就會放棄。我建議我的客戶在時間與資源許可下，盡一切所能去尋找他們的動物，如果一直毫無斬獲，他們也許不用再搜索得那麼密集。持續張貼傳單，每隔一段時間就去動物收容所和診所問問，但搜尋過程最後可能是無法掌控的。有時候，若是搜尋毫無結果，動物的友人恐怕得面對這個事實——他們恐怕永遠不會知道發生了什麼事，或再也見不到他們的動物了。

練習時間

尋找走失動物

如果朋友或認識的人有動物走失，你可以主動提供幫助，但務必表明你只是個初學者。取得那隻失蹤動物和家裡其他動物的照片或特徵描述，取得動物失蹤的那個地區的地圖。如果是你自己的動物走失，你還是可以嘗試做這些練習，但你可能較難保持客觀。你或許會想要尋求外援，打電話找專業動物溝通師協尋你的動物。

處理走失動物的案件時，我建議你做完整版的專注與建立關係步驟，摘要在第八章（參見第151頁）。等你做過那些步驟並與失蹤動物建立聯繫後，你就可以開始進行以下的練習。做完練習後，向動物的友人回報你的結果。

練習42 失蹤寵物是生是死？查明大致情況

問那隻動物她是生是死，順從傳入的任何感覺。請那隻動物清楚回答，並跟她強調答案的重要性和準確的必要性。請她以你最擅長的感應模式回應你，不管是言語、圖像或別的什麼模式。等你感覺收到答案後，問她發生了什麼事。如果你覺得她死了，問她是怎麼死的。如果你覺得她還活著，就問她身在何處，為什麼還沒回家。查明大致情況。

練習43　走失後，寵物經歷了什麼事？

接下來，請那隻失蹤動物顯示給你看，她從離去到現在去過哪些地方。觀看或感覺那些過去的場景，彷彿你置身於那隻動物的身體裡，再次經歷那些情境。試著查明細節、地標和任何有助於搜尋的事物。繼續追問詳情，直到你到達她目前的所在位置。

練習44　可詢問走失寵物的幾個問題

在你們對話當下那隻動物所在的地方是怎樣，盡量查明清楚，越詳細越好。這裡提供幾個詢問動物的問題：

- 你知道回家的路嗎？你回得了家嗎？
- 有人跟你在一起嗎？如果有，能否描述他們的特徵？
- 在我跟你談話的同時，你在哪裡？
- 在你目前所在的地方，你有聞到、嚐到、看到、聽到與感覺到什麼？

- 你有沒有受傷？
- 你餓不餓，渴不渴？
- 你心情還好嗎？
- 你想回家嗎？

盡你所能地給予那隻動物建議或安撫。解釋你正在做的事給她聽，並告訴她，你會將這些資訊轉告給她的友人。

練習45 請其他動物、宇宙智慧一起協尋

問問家裡的其他動物，是否有看到或知道任何跟走失動物有關的事。問他們有沒有跟那隻動物做過直覺聯繫。如果有，問他們得知了什麼消息。同時，求問宇宙智慧還有沒有什麼事情是你需要知道的，或你有沒有遺漏什麼資訊。

第十四章

如何和野生動物溝通？

我們已經喪失了，祖先跟野生動物之間的那種親密關係。有些人甚至認為，我們不需要野生動物也能存活。但這是個幻覺，現正漸漸摧毀地球的諸多暴力營造出了這種幻覺。跨國企業和強權政府是如此貪婪地追求權力與利益，就算破壞地球的生態也在所不惜。只要可以維持與鞏固這般肆無忌憚的侵略，他們多大的謊都扯得出來。

事實是，沒有野生動物我們是無法生存的，這就跟沒有空氣我們活不下去是一樣的。我們需要昆蟲替植物授粉，需要蝙蝠吃昆蟲，需要鳥散播種子，需要郊狼制衡齧齒動物。我們仰賴野生動物供給生存需要的條件，野生動物卻不需要仰賴我們（除了一件事，就是需要我們停止摧毀他們的家園，停止一個接一個物種地屠殺他們）。

我們的原始人祖先與動物的關係，跟現在很不一樣。那時，動物被認為是神聖的靈性存有（Spiritual beings），人類感謝他們的貢獻，尋求他們的指引，視他們為真理的神諭和未來的先知。被殺來吃的動物，都經過儀式性的讚頌與感恩。

跟野生動物溝通時，你將會運用到已學到的，與貓、狗和馬對話的全部技巧。方法是相同的。大多數的野生動物都有興趣聊天，但因為他們不熟悉我們的生活，所以跟他們對話會比較像不同國度之間的交流。大部分野生動物的世界觀，跟我們的生活方式差別極大，以至對我們而言幾乎是無法理解的——一種陌生且迥異的文化。

與野生動物建立關係時，你無法叫對方的名字，除非對方告訴你他的名字。驗證接收到的信息，也更不容易。有個選擇是，詢問那隻動物的生物特性，然後翻閱圖鑑核對答案，或從你們對話後發生的事件來印證。

這種情況我曾碰到過一次。那是在我教課的時候，在一棟有天窗的建築物裡。隔壁農場的一隻孔雀站在天窗上面，透過窗玻璃往下看著我們上課。❶而且不只看我們上課，他還呼喚我們。如果你有聽過孔雀叫，就知道為什麼課堂上所有人都在這時候停住。他沒有要安靜下來的意思，我們決定跟他談談，弄清楚他有什麼意圖。

他有幾個信息要給我們。他想要我們注意他，並要求我們到農場去拜訪他。但他最強的信息是農場裡的一隻動物身陷險境，他要我們幫忙。於是全班的人都起身，前往農場。在路上，一個女人騎腳踏車往我們這邊來，叫喊著：「快點，幫幫忙！有隻小山羊掉到壕溝裡了！」一隻新生的山羊寶寶掉進了農場周圍的壕溝裡。由於那隻孔雀的警告，我們設法救出了那隻山羊寶寶，而他也如願以償——大家都過去拜訪他了。

在後院裡的野生動物

開始找野生動物攀談的最佳地點，就是你自己的家和後院。如果你用心去找，你會發現到處都是野生動物，不管你住在哪裡。不一定要是獅子、海豚或什麼亮眼的動物，昆蟲、鳥和爬蟲類也都是野生生物。波恩（J. Allen Boone）就有一本書以四分之一的篇幅，敘述他與一隻名叫弗雷迪（Freddie）的蒼蠅的奇妙故事。❷任何一種野生動物，都可以是你進入自然界的途徑。

選一隻你在家裡或你家周圍，看到的或路過你家的野生動物。先跟這隻動物閒話家常，建立友誼。找一本好的動物圖鑑來參考，以此考量你可以問哪些可驗證的問題。如果你選擇跟一隻鳥溝通，可以問那隻鳥是雄鳥還是雌鳥，通常生幾顆蛋，那些蛋多大，是什麼顏色。問那隻鳥冬天時會遷徙到別的地方，還是會留在你住的地區過冬。之後，拿圖鑑核對答案。

你可以讓自己的家成為野生動物的避風港，藉此邀請野生動物來你家作客。這裡提供幾個吸引野生動物來你家後院的方法❸：

- 在院子裡或在露台或窗台上的花盆裡種植能吸引鳥類與蝴蝶的花。
- 為鳥類和蝙蝠設置巢箱。
- 在院子裡一塊安全、露天的地方，擺放鳥浴盆（birdbath）。

- 搭建友善野生動物的籬笆，具有大空隙或其他特性，方便野生動物在他們的地盤裡移動（並行經你的院子）。
- 使用安全、無毒的殺蟲劑與除草劑替代物；要不然，你可能會毒害到食物鏈更上層的野生動物。一塊優良的有機苗圃，應該就能供給這類替代物。（並鼓勵你的鄰居採用相同的做法。）
- 支持不灑農藥的本地有機農夫，購買他們的有機蔬菜。
- 在你院子的部分區域設置防貓圍籬（cat fencing），以關住你的貓，防止貓獵殺鳥和其他動物。

改良完你的院子後，發送一個直覺信息給野生動物，說明你做了什麼，並邀請動物們來作客。

當你跟野生動物進行直覺溝通時，你可以口說、心想或感覺你想要傳達的話，想像你的訊息遞送到另一方，就如一般的直覺溝通。訪問你家院子的野生動物，和他們聊聊日常生活的話題，扮演記者的角色，關注在過程中出現的每一個有趣故事。你甚至可以向你遇見的野生動物尋求建議或指引。你也許會發現，這些動物對你懷有的感情比你預料的還深。皮卡特夫婦就曾有過這樣的體會，他們寄給我這則故事：

有一天，一隻黑鳥飛撞到我們花園的窗戶上，掉落地上。突然有隻貓出現，開始靠近那隻鳥。我大聲地拍窗戶嚇貓，我丈夫出去趕走那隻貓。我們看到那隻鳥還活著。我認出了這隻鳥，她有孩子，巢在附近，我們必須盡力救她。因此，我們小心翼翼地將那隻黑鳥移到我們的溫室，關起門來，以免那隻貓闖進來。

幾個小時後，我們看見那隻黑鳥在動。過沒多久，她看起來沒事了，於是我們決定放走她。她飛出溫室，停在一道籬笆上，看了我們一會，然後飛去她的巢。我們以為事情到此為止。但接下來發生的事，實在太令人無法置信了。我丈夫正在照料花園，我則是在屋子裡，我們兩人都聽到了：至少一百隻不同鳥類的合唱團突然開始高歌鳴唱。我們以前從沒聽過如此神奇的音樂，之後也沒再聽過。也許，只是也許，他們是在謝謝我們救了那隻黑鳥。

和野生昆蟲對話

「可是，」你可能會問，「如果來我家的都是野生害蟲怎麼辦？」別擔心！首先，一個人的害蟲或許是另一個人的寶貝，就像我相信世上有某位昆蟲學家熱愛蚊子。如果在你家中的都是有害的野生動物，那麼我會建議你跟他們談談。

我這輩子所做過最有趣的對話之一是跟一隻黃蜂的對話。我問他有什麼朋友、會做什麼活動、最愛的食物和對人類的感覺。聽一隻黃蜂談論自己的朋友，真是一個奇妙的經驗。至於人類，他說人類是不可理喻的，而且對他的族類有很深的偏見。我不得不同意。那場對話改變了我跟黃蜂的互動關係。我對過去害怕的昆蟲，抱有一股新的伙伴情誼。現在若是有黃蜂騷擾我，我會有禮貌地請他們離開或出去外面，而我通常會得到正面回應。

喬安娜・勞克（Joanne Lauck）在其著作《微物裡的無限之聲》（The Voice of the Infinite in the Small）裡鼓勵我們徹底改變跟被認為是害蟲的動物的關係。❹我贊同！我們必須做這件事。我還沒達到勞克那種與所有物種恬然相伴的境界，但對於許多以前害怕或討厭的動物，我已經改變了我的態度。我是靠著跟他們交談，並了解他們的真本性來達到改變。

我想補充第四個策略：提供補償。如果你希望螞蟻離開你家，那就在外面某處提供他們一些食物或糖。在你貿然採取撲殺的手段前，這方法絕對值得一試。

谷特夫婦在這方面很有經驗。每年他們都會去法國南部渡假，每當他們抵達小木屋後，老公弗里克都會先跟螞蟻聊一聊。他會問候他們，然後請他們在他渡假期間不要進來小木屋。他們從沒遇過螞蟻問題，只有一年例外，那年他們的旅程很匆忙，他們到小木屋時已經累癱了。結果弗里克忘了跟螞蟻聊。一天之內，那間小木屋湧進大量螞蟻。弗里克立刻去找他們說話，那群螞蟻沒多久又消失了。

我需要提出一個警告：雖然我盡力跟家中與身邊的野生動物和平共處，但有時候溝通仍然無效。我家前院曾經有過一個幾千隻黃蜂出入的蜂窩，它帶給我的經驗就不是那麼愉快了。我盡量不打擾他們，我也願意分享我的院子，但他們的數量增長到了某個臨界點，以至於他們開始會攻擊從蜂窩邊經過的人，這是有危險的。在這種情況下，我必須摧毀那蜂窩。

我屋子周圍的毒蜘蛛接受了我的懇求，現在通常不會進來屋內，但他們似乎不贊同我要他們生少一點。所以我對小蜘蛛的數量做了一點控制，並將幾隻成年蜘蛛移到別的地方去。我認為，當野生動物落地生根，將你的家當成他們的家時，情況可能就很難改變了。施以某種控制，可能是唯一的解決辦法。但如果你用心找，也許能夠找到無毒且非暴力的方法。❺

如果在野外遇見動物

當你出去散步或健行時，你應該會看到很多野生動物。他們可能不會在你身邊停留很久，因為大部分的野生動物現在懂得避開人類，明哲保身。為化解動物的戒心，你可以透過心靈問候他們，表明你正在學習說他們的語言，然後問他們一個問題。即使他們逃跑或飛走，你還是可以繼續談話。做直覺溝通時，動物不一定需要在場。通常，野生動物會對你的開場白給予正面回應，停下來跟你聊。

有一天吃午餐時，我的獸醫莉莎．佩許（Lisa Pesch）告訴我她的這個經歷。她在優勝美地（Yosemite）的一片高地草原上健行，途中坐到一塊大石頭上休息。幾乎在這同時，一隻貝氏地松鼠（Belding's ground squirrel）出現在她面前。她看到那隻松鼠感到好開心，於是她開始對他唱歌。接著又有更多的松鼠過來，越來越多，直到草原上布滿了聆聽她唱歌的松鼠。這實在太不可思議了，她根本不想停下來。她一直唱下去，直到天黑，這時她才依依不捨地道別，離開他們。

當然，你在野外不應該接近熊、山獅或其他有危險性的動物，除非你清楚知道自己在做什麼。接觸野生動物有別種更安全的方式，你可以去動物園找野生動物。但我發覺動物園是個很悲哀的地方，幾乎令人不可忍受。如果我去動物園，我只是為了要設法提振動物們的心情才去。

到充滿異國風味的旅遊勝地，跟野生動物互動（與海豚共游等諸如此類的活動），這或許很刺激。但這類旅遊方式，也可能構成對動物和當地居民的剝削。如果你選擇的旅遊行程是由自然觀察者（naturalist）規劃，他們關心這類議題，對於這些做法比較敏感，而且是以公平的方式與當地人合作，那麼你就能免除部分的爭議。可是，人類又一次占野生動物便宜，卻毫無回饋的這種不平等關係還是存在著。

我認為遇見野生動物最好的途徑之一是去野生動物復育中心當志工。在那裡，你可以安全地與你照顧的動物逐漸培養友誼，同時也付出了回饋。雖然你照顧的動物不是全部都能存活下來，但至少你能將部分的動物送回大自然，並從中獲得喜悅。你跟那些動物的情誼，將會讓你畢生難忘。阿爾梅曾告訴我，她在一間野生動物診所跟一隻鳥成為朋友的故事：

我負責照顧一隻黃昏雀（evening grosbeak），他之前被一隻貓攻擊，害他尾羽全沒了。他的模樣看起來很凶暴，且叫聲尖厲。每次我餵他和清理籠子時，他就會試圖脫逃，做這事讓我感到害怕。有一天，我決定不要再膽怯，便打開籠門，讓他飛出來到診間裡。他飛到櫃子頂端，等到該回籠子的時候，他讓我抓住他。這隻鳥陪了我們至少一年。我們會跟他說話，瞧瞧他的尾巴，只要新長出一點羽毛就誇獎他。

冬天來了，那隻黃昏雀是診所裡唯一剩下的病患。另一位志工自願帶她回家，讓復育中心可以放寒假。一個月後，那位志工打電話來告訴我，那隻黃昏雀逃進了她家附近的樹林裡，她家離我家大約一英里遠。那個時候天氣冷得不得了。她在屋外放了暖燈、暖墊和食物，希望他會回來，但他始終沒出現。兩天後，經過了兩個酷寒的夜晚，我看見一隻黃昏雀坐在我家屋頂邊緣。我說：「嗨，你是一隻黃昏雀嗎？」他啾啾叫。我又說：「你是我們的黃昏雀嗎？」他轉過身來，給我看他的尾巴，少了尾羽！

哀哉，他在眾人的慶祝與驚嘆中回到他的籠子裡後，身體狀況就急遽衰敗，不久就死了。酷寒的夜和穿越樹林的旅程，讓他不堪負荷。但他是怎麼找到我家的？他是有意的嗎？只是巧合嗎？我們永遠不得而知。

動物導師與神諭

如果野生動物願意，他們可以成為我們的導師與協助者。海豚拯救船難落海者的故事，在歷史中屢見不鮮。在你開始跟野生動物對話後，你可以自己找一個野生動物導師。在《群獸之女》（Lady of the Beasts）一書中❻，芭菲・強森（Buffie Johnson）羅列了幾百樣史前工藝品，顯示人類長久對於野生動物的著迷與尊敬。有些工藝品與石窟壁畫，可追溯至十萬年前的更新世（Pleistocene Age）。只是在最近幾千年間，人類才跟野生動物和自然變得疏遠。

黛安・史卡夫提（Dianne Skafte）的著作《神諭》（When Oracles Speak）對於預兆、神諭與占卜有相當精闢的研究❼，她生動呈現了古代世界，讓我們能想像那個時代：人們眼中的世界是「有靈魂的」（ensouled），人們相信萬物是有真實生命的，充滿了意識並凝視著我們。她讓我們看見了，一個與我們身處的世界迥異的世界。在那世界裡，人們會向自然尋求指引與信息。蜜蜂被當成信使與神諭而廣受尊敬，在某些文化還被奉為神祇來祭拜。烏鴉的叫聲被認為具有重大意義，詮釋烏鴉叫聲的書一冊又一冊地被寫下來。

我們現代人可以選擇再次開放心靈接納野生動物的力量，邀請野生動物進入我們的生活。我的客戶帕克絲告訴我的這個故事，顯示了野生動物的靈力多麼強：

我以前住過山裡，每個禮拜我固定會去城裡看我祖母，和採買生活必需品。有一次，我在接近半夜的時候回家。途中，我在峽谷路上的一個彎道轉彎，剛好看見一隻山獅從上方的岩石跳到路上。她停在路的正中間，讓車子沒辦法過。她的力與美深深吸引了我，因此我也不想動。那是大約二十七年前的事了，那時候我對動物導師和這領域的事一無所知，所以我不曉得這個遭遇有超乎尋常的意義。那隻母山獅就這樣擋著我的去路，只是盯著我看，文風不動。大約二十分鐘後，她起身走到路邊，坐了下來，彷彿在說：「好，你可以走了。」

我繼續開車，回到家時發現警察在我家裡。原來，我的前夫（一個有暴力傾向的酒鬼）闖進了我的房子，把我的狗都趕跑，等著我回家。他帶著一罐電池酸液，準備要「解決我」。我到家的時候，警察才剛到十分鐘。一位鄰居看到我的狗，知道我家一定出了什麼狀況，於是打電話報警。如果那隻山獅沒有阻止我，在警察趕來之前我可能已經遇害了。每當我的生活陷入低潮，我就會想：「那隻山獅為了某個原因救了我，我感覺冥冥中有股力量在引導我、鼓舞我。」

當我們能再次將野生動物和地球上所有生靈，視為我們的嚮導、老師與同胞，就能開始探索他們想要教給我們的智慧，發現他們想給予我們的協助。他們慷慨無私，不求報答地賜予我們這些禮物，我們是否至少能努力確保他們的存續來作為回報？

練習時間

和你周遭的野生動物互動

聯繫野生動物時，你將運用你已經學過的專注與建立關係的技巧。你可以採用完整版或精簡版的方式，張著眼或閉著眼做都可以。那些技巧摘要在第八章，參見第151頁。如果你要訪問野生動物，你或許會想從第九章末尾的那份清單中，挑出幾個問題來問。

你不曉得野生動物的名字，所以你可以問問那隻動物要怎麼稱呼他。你對新認識的人，也會問同樣的問題。如果那隻動物沒提供名字，就直接用屬名稱呼他，像刺蝟、螢火蟲或蜥蜴。你可能會發現，你只要接近野生動物，他們就會逃走。別沮喪！那可能不是你個人的問題，只是因為動物現在對人類的態度已經變成這樣。

你還是可以跟他對話。當我寫下這些文字時，我聽見一隻老鷹在叫，他從我家上面飛過。我能坐在我的辦公室裡跟那隻鷹對話，他現在已經飛走了；假設我在外面，那隻鷹在一棵樹上，就在我正上方，溝通起來的效果跟我坐在這裡是一樣的。任何在你眼前一掠而過的野生動物，或你記憶中的一隻野生動物，你都可以跟他們溝通。你只需要發自內心，跟那隻動物建立關係並開始談話，你就能辦到。

這一節有很多的練習。把它們讀過一遍，再選擇你有興趣的來做。用筆記簿記錄你們對話的結果，與任何其他的觀察。

練習 46　和住家附近的野生動物交朋友

調查住在你家和你家周圍的野生動物族群。記住，昆蟲也是野生動物。等你知道有哪些動物可以作為你的溝通對象之後，選出一種你感興趣並且能輕鬆對待的動物。開始跟那種動物對話。

介紹你自己，解釋你在做什麼。說你還在學習，請求那隻動物協助你。問他有沒有想讓你叫的名字（這時候你可能會發現他是母的）。跟他說你為什麼欣賞他，他對你個人有什麼意義。表明你希望以後可以再跟他聊，弄清楚他是否同意。在往後的對話，請接著練習：⑴問可驗證的、有關他生物特性的問題（結束後，拿圖鑑核對答案）；⑵從第九章的那份清單裡，挑出幾個問題來訪問他，或是你自己擬幾個問題。

練習47 主動邀請野生動物來作客

如果你喜歡蝴蝶，可以直接去屋外宣布你希望更多蝴蝶來你家，這樣或許能奏效。你也可以在你家做一些具體的安排，來吸引更多你喜歡的野生動物。例如，種植野生動物喜歡的植物，設置浴鳥盆或蜻蜓池。若要知道更多的方法，可以詢問當地的苗圃或生態中心，或是去圖書館或上網查資料。等你改善好環境後，跟動物們說你做了什麼事，邀請他們來作客。

練習48 請野生動物給予建議

在這個練習中，請選擇一隻你在情感上契合的野生動物，可以是你過去見過的一隻動物，或是你此時認識的一隻動物。聯繫的時候，請直接閉上眼睛，想像你看見那隻動物的影像。問那隻動物的名字。問那隻動物對你有沒有任何建議。你可以讓他自由發揮，或你希望在什麼問題上得到建議，就指明那個問題——從雞毛蒜皮的事，到極其嚴肅的議題都行。繼續發問，直到你了解那隻動物給你的建議。最後，向那動物致謝。

練習49 跟你不喜歡或害怕的動物對話

別緊張，做這練習不需要接近那隻動物，甚至也不用想像自己接近他。選一隻你討厭或害怕的動物。從第九章末尾的清單中，挑出幾個問題來問那隻動物。回想你最近一次看到那隻動物的情景（即便只是在圖片中看到也行），閉上眼睛，想像那隻動物，但跟他保持安全距離，讓你能輕鬆地面對他。介紹你自己，解釋你在做什麼，問那隻動物的名字。問你已挑好的問題。談完之後，再問那隻動物有沒有要補充什麼。向那隻動物訴說你想傳達的任何事。謝謝那隻動物，並結束談話。

練習50　主動問候在戶外遇見的動物

你去爬山健行時，請主動問候你遇見的動物。將你對那隻動物的欣賞，和任何正面評語傳達給他。表明你正在學習說他們的語言，問他們願不願意聊聊（但不要接近任何可能傷害你的野生動物）。你可以試試對他們唱歌。問那些動物你所好奇的每個問題，就算他們轉身跑開，你還是可以問。記住，進行直覺對話不一定要跟那隻動物同處一地。如果你是跟一隻經常在散步時看見的動物說話，就詢問那隻動物的名字。若取得了他的名字，下次你去健行時，就可以用他的名字跟他打招呼。

練習51 到野生動物保育中心當志工

如果你申請到野生動物保育中心擔任志工，你可能會發現，某幾隻動物或某幾種物種特別吸引你。你對哪些動物感到這種莫名的契合，就跟那些動物做直覺交流。你可以訪問那些動物，並對他們做第十二章介紹的醫療直覺感應與能量治療練習。

練習52 尋找你的野生動物導師

或許你的動物導師已在你生命中出現，你已經認識他了。就算你沒意識到你有個導師，在你對野生動物投以更多關注之後，你可能會發現有個個體總是守候著你。祈問你的導師是誰，答案將自然浮現。等你找出你的導師後，向他傳達感謝之意。謝謝這個個體給予你幫助。接著，祈求得到指引。不用急，指引將會適時來到。請你的動物導師，解答你對人生的疑問或有關未來的問題。如果你想做第八章末尾介紹的精神旅程，不妨跟你的野生動物導師再走一回。

第十五章
如何和植物及大地溝通？

我所認識的每一位用心的園丁，在我的追問下，都承認他們會跟植物說話並收到回應。他們可以感覺到什麼對某株植物是好的，或某株植物需要什麼，而且能輕鬆辨認出這些是植物的回應。

現代人將植物與地景視為無生命物。但是，繼承祖先生活方式的原住民族，將植物、樹木、岩石、河流、山巒與大自然的一切視為有靈魂、有知覺的。他們以對待人類的態度對待非生物，而大多數原住民文化對於萬物的靈都謹慎以待，特別是他們必須宰來吃的生物。我們已經大大喪失了這種世界觀。

為寫作此書進行研究的時候，我在《植物的祕密生命》（The Secret Life of Plants）裡，讀到了喬治・華盛頓・卡弗（George Washington Carver）的事蹟。[1]在我眼中，卡弗體現了存在於我們天性中的古老精神。為什麼我讀了這麼多的書，卻從沒讀過這非凡的事蹟呢？我相信大部分的人，也都沒聽過卡弗的故事。大家或許知道卡弗是個天才，他研究出花生與地瓜的許多延伸用途，但我不認為植物學課程會探討他的傳記。

對我而言，卡弗的性格與他跟植物的關係，比他的成就更耐人尋味。

卡弗在南北戰爭（Civil War）前夕，出生於密蘇里州的一個奴隸家庭。他小時候因為特殊的尖細嗓音，被認為是不健康的小孩，沒朋友的他成了一個獨來獨往的人。他在奧沙克山（Ozark Mountains）的山腳下遊蕩，尋找各種植物。他在鄉間搜集各種材料，獨力蓋了一間溫室，當時他還是個小孩子。他用野外植物來當藥，神奇地治好家畜的病。

有人問他，每天自己一個人都在做些什麼？他回答說，他都去他的醫院照顧生病植物。人們開始拿自己家的生病盆栽來給他治療。他對植物唱歌，給它們特別的土壤，白天時帶它們到陽光下嬉戲。有人問他，怎麼會治療植物？他說，那些花、樹和各種植物都會跟他說話。他只是傾聽，並愛它們。

卡弗之後取得農業化學碩士學位，最後執掌阿拉巴馬州塔斯基吉師範暨工業學院（Normal and Industrial Institute in Tuskegee, Alabama）的農業系，並締造了許多卓越的成就。他發現花生與地瓜的工業用途，為南方的農業帶來突破性的改革。第一次世界大戰期間染料短缺，他靠著植物的協助，以自然資源研發出數百種染料。但他身邊的人，還是搞不清楚他是怎麼辦到的。他說，他是在樹林裡散步時，突然得到那些靈感。有人進一步追問，他回答說，他發現的那些祕密就在植物裡，任何人只要夠愛植物，都能發現那些方法。

這裡再提供一個鮮為人知的事實。有「園藝巫師」（The Wizard of Horticulture）之稱的路德．伯本克（Luther Burbank），在其職業生涯中，每星期都會創造出一種全新的植物——一項無人可及的成就。他也善於跟他的植物溝通並傳愛給它們，據說他堅信植物能了解他的話。❷

讓你的花園茂盛起來

為什麼這些公認的天才會相信植物能說話，相信我們能聽見植物說話，我們卻從來不知道這種事，而教育告訴我們這想法是瘋狂的？為什麼全世界的原住民，跟自然都維持著和諧共生的關係，而我們卻對自然疏離且無知？在這類問題上，最偉大的幾位思想家的答案是，現代人類社會執著於錯誤的宇宙觀——我們相信（不對，是我們被教導要相信），所有的物質都沒有意識、情感和靈魂。只有人類才擁有這些特質，這是舊宇宙觀。

新宇宙觀認為，自然萬物與自然的各個成分互通，這是塔格❸、德．昆西❹和其他思想家❺❻所揭示的。所有的物質（小至單一細胞、原子和量子微粒），都有意識和情感，宇宙中的所有物質與能量都是有知覺的。也就是說，所有的物質都有感知能力。這個新宇宙觀提問道：我們怎麼可能從無生命、沒知覺、沒感情的物質中演化出來？答案是：不可能，且根本不是這麼一回事。大自然是活的（雖然她近況不太好），而你能跟她對話。

《植物的祕密生命》的兩位作者，敘述了許多針對植物所做的實驗，這些實驗是在監測植物應各種刺激而產生的生理變化。在美國、歐洲與俄國進行的多項實驗中，研究者發現相同的結果：植物能感覺到我們的情感，對正面和負面刺激做出反應；植物能讀我們的心，並預知我們的行動。❼這些實驗提出的證據極有說服力，但絕大多數的科學家都忽略它。

為什麼會有這種情況？在我來看，這是因為現代科學是以舊宇宙觀為基礎。許多科學家陷入這樣的世界觀：人類以外的所有生命形式，都是沒感覺的原生質團塊。若是有異議，就是在挑戰科學的整個前提。但是，現在該是提出挑戰的時候了！

儘管科學家們忽視這些驚人的發現，但你沒必要跟他們一樣。我相信植物可以透過直覺來溝通，與動物無異，而你也可以憑直覺接收來自植物的訊息。做法是一樣的，運用你用於動物溝通的那些技巧。你跟植物的互動也能充滿靈性與情感，毫不遜於你跟動物的互動。

從你的花園、家裡及附近的植物開始著手。如果你家沒院子，你可以跟你的室內植物或陽台上的盆栽對話。跟它們說，你是多麼欣賞它們，鼓勵它們成長茁壯。訪問植物並詢問它們的生物特性，之後再核對答案。仿效卡弗和伯本克傳愛給植物。問那些植物有什麼祕密，如果你愛它們愛得夠深，搞不好它們會告訴你。

我的學生蘿拉，在我的一堂課上收到來自一棵樹的訊息，她之後證實了那些訊息。她跟一棵蒙特雷松（Monterey pine tree）溝通，她問那棵樹過得好不好。那棵樹告訴她，它需要多點水，還訴苦說它的一根樹枝不太對勁，可能生病了，位置大約是在樹幹往上三分之一的高度。後來，一位樹醫來檢查那棵樹，在她完全沒預先告知那次溝通內容的情況下，樹醫發現那棵松樹有一根樹枝被甲蟲寄生，位置大約在樹幹往上三分之一的高度。樹醫建議要多澆點水，因為松樹水分不夠時容易被甲蟲侵襲。

假如你的某株植物有蟲害，試著跟那些昆蟲談談。問他們為什麼吃那株植物。問那些昆蟲，是否可以少吃一點？然後跟那株植物溝通，問它為什麼遭到侵襲。也許你需要做些什麼來使那株植物變茁壯。

如果你的花園中，出現你不想要的雜草或其他植物，就跟它們談談吧。問它們想做什麼。看你能不能跟它們達成協議，讓你們兩方可以相安無事。也要記得對它們表示感謝，並傳愛給它們。

在蘇格蘭打造出芬德霍恩實驗植物園（Findhorn experimental garden）的那個團隊，將植物種在貧瘠的沙地上，原本沒人覺得那地方長得出東西來。他們說，這計畫成功的祕密在於跟自然的靈（被認為存在於植物與土地裡的靈）結盟。[8]凱爾特（Celtic）的民間傳說，充滿了對自然的靈的指涉。事實上，絕大部分的傳統文化都是如此。你也能跟自然的靈合作！呼喚他們，肯定他們，並請求他們的協助。要恢復我們祖先的智慧與精神，現在還來得及。

植物療效與感謝大地之恩

人類借助植物治病，已經有兩千多年的歷史。切羅基（Cherokee）傳統認為，植物憐憫人類，賜予我們所有病痛的解藥。我所遇過的原住民和每一位草藥專家，都以同樣的態度取用藥用植物：充滿尊敬，彷彿那些植物是人類一般。他們告訴植物，哪種療效是他們需要的，並請求植物幫助，然後獻上謝禮——玉米粉、菸草和甜食。人類最初就是以這種方式，發現植物個別的治療特性。

我們所有的藥用植物，就是經由這樣的過程為人所用——透過一種尊敬、平等的交流。❾ 史蒂芬・巴納（Steven Buhner）在他的著作《失落的植物語言》（The Lost Language of Plants）裡指出，很少人了解這個事實。很少人了解到，許多今日常用的藥物，是以某種方式從古老的藥用植物演變而來的。❿

花精是另一種從人類與植物的直覺互動中產生出來的植物治療形式。人們憑直覺與花溝通，問花：哪種情緒狀態是它們可以解決與治療的？舉例來說，薰衣草被發現具有鎮靜的功效。等療效性質確定後，就可以製作花精，做法是將花朵靜置在水中一段時間，之後取出那些花朵，剩下的水據說就吸收了花朵的能量狀態。當花精施用於一隻動物、一個人或別株植物時，它會釋放那一種花的情緒成分。

植物提供我們幫助，但這並非它們存在的目的。它們有自己的世界與社群，就跟我們一樣。它們彼此互為依賴，會形成社群，人類通常對此渾然不覺。我曾聽過茱莉亞・希爾（Julia Butterfly Hill）講述她在「月娘」（Luna）上樹居的事。[11]月娘是北加州的一棵古老紅杉。為了保護那棵樹不被砍掉，茱莉亞爬到月娘的樹枝上。

她和月娘眼睜睜看著周圍原始森林的其他樹木，被砍得一乾二淨。砍伐行動恐怖極了，直升機在月娘周圍飛來飛去，紛紛吊起她同族的屍體。屠殺結束後，茱莉亞和月娘單獨立在空地上，茱莉亞說這時候月娘開始哭泣。她的整棵樹幹都出現了類似眼淚的樹液。她的根（她跟她所有朋友的連結），被斬斷了。茱莉亞說，她從月娘那裡感受到深刻的悲傷。誰能比茱莉亞更有力地向我們揭示樹木有感情？

在我教授與自然溝通的課堂上，似乎每位學生都記得童年的一棵樹——一棵既是傾訴對象也是好朋友的樹，一棵健壯又美麗的樹。我們怎麼會如此遠離小時候懂得的大自然呢？樹木是我們的老師，它們有著讓人驚嘆的智慧。有的樹比歷史更古老，它們能當我們的導師。人類以前會向樹木求問神諭，將它們視為真理的來源。你可以再次跟樹木做朋友！請跟樹對話，背靠著樹坐著並觸摸樹吧。

離我家不遠有座山。她被稱為塔瑪佩斯山（Mount Tamalpais），在此地最早居民的語言中意思是「沉睡的少女」。她看起來像個躺臥的少女。每次我去那座山，總是體驗到豐富的情感。我並不感到憂煩，她目前沒有受到任何威脅。我只是單純愛那座山。站在她的額頭上俯瞰這世界，真是美不勝收。當我感到害怕或需要任何幫助時，我就會召喚她。我想像她在我心中，然後我就會有勇氣。我請她告訴我真理，她總是傾囊相授。她是我的導師，我跟她談話就像跟母親談話一樣輕鬆。我在跟一座山對話，照常理來說是件不可能的事，但我知道這是真的。

如果植物和樹木有靈並且能跟我們溝通，為什麼自然的其他存在物不能？根據新宇宙觀，不存在所謂的常理。你目前所在之地，不管是在高樓林立的都市、沙漠、郊外、湖邊，腳踏的土地上都是有靈、有感情、有聲音的。請跟你所在地域的大地的靈，以及地球上你所到的任何地方的靈進行交流。肯定它，欣賞它，向它致敬，對它說話，並請求它與你結盟。看看會發生什麼事。

練習時間

和植物與大地溝通

這一節包含許多練習。請挑你有興趣的來做。跟一株植物、一棵樹或一座山溝通的方法步驟，無異於動物溝通。若要複習專注與建立關係的技巧，請參考第八章（參見第151頁）。

練習53　感覺到樹、植物或石頭的觸摸

背靠著一棵樹坐著，或在手中握著一塊石頭，或將你的手放在一朵花上或地上，待一段時間。專注於這個意念：你正在觸摸的那棵樹、那塊石頭或那株植物也在觸摸你——它確實感覺到你在摸它。它那裡存在著一個靈與意識，它能感知到你，就像你能感知到它。問問你觸摸的那個對象，有沒有事情想告訴你。

練習54 唱歌給植物聽

根據我的經驗，大自然的眾生喜歡聽我們對他們唱歌，就算我們五音不全。當你在戶外做園藝、去遠足或在大自然中漫遊時，唱歌或哼歌看看吧。你可以為某個特定對象自創一首歌，例如：為風所作的一首歌，或為山茱萸（dogwood）作一首歌，或唱一首你原本就會的歌。唱完之後，問它們喜不喜歡。

練習55 告訴植物你欣賞它們哪些特質

跟你花園裡的植物、公園裡的樹，或你遠足時看到的野生植物說話。告訴它們，你為什麼欣賞它們。解釋它們在你生活中的意義。跟它們說，你對它們抱著什麼期許和夢想。問它們有沒有任何事想告訴你。

練習56 以傳送愛治療植物

跟一株生病或垂死的植物（或樹）說話。運用直覺檢查那株植物，診斷它出了什麼問題和它需要什麼。如果那株植物同意，就傳送治療能量給它。傳愛過去。倘若那株植物有絲毫復元的希望，就想像它健康、快樂與繁茂的樣子。將這個影像與感覺傳給那株植物。每天都要做這件事，看看會發生什麼結果。

練習57 向大自然致敬

創造一個儀式，來對自然的某個特徵致敬。舉例來說，你可以對你所住地區的一條小溪致敬，以一點蜂蜜作為供品，倒進那條小溪裡。或者，對一棵樹致敬，為它設置一個祭壇，或留下食物、藥草或某樣甜食作為贈禮，並告訴那棵樹你為什麼要向它致敬。

當你用餐時，留下少許食物，將它歸還給大地，以此向她致敬。獻出供品並告訴對方你為何敬拜它，你可以用這個方法對任何生靈致敬。

練習58 跟害蟲對話，請它們不要傷害植物

訪問一株植物或一棵樹。扮演記者的角色。問它關於生活的問題和它對各種事物的感受。問關於它的生物特性的問題，讓你之後能查證。問那株植物或那棵樹有沒有問題想問你。

如果你遇到害蟲氾濫的情況，就跟那些害蟲談談看。請那些昆蟲不要破壞植物。查

出植物被寄生的原因，以及你要怎麼幫助那株植物來使它更茁壯。主動分享你擁有的東西——一些給昆蟲，一些給自己。跟他們達成協議。如果你家院子雜草太多，問它們能不能後退一點，不要繼續蔓延。想辦法跟雜草達成共識，求得和諧共存。告訴它們，如果它們合作，你會多麼感激。看看結果會怎樣。

練習59 向植物與大地的靈致敬

問候植物的靈和你所居土地的靈。跟他們說你多麼欣賞他們。如果你對那些植物或那塊土地有什麼需求或期許，就請求大自然的眾靈幫助你實現。獻出供品（穀物、種子、甜食），以此向自然的眾靈致敬。如果你想要，你可以設立一座祭壇來表彰你所居之地的靈，並建立你個人敬拜此靈的儀式。

練習60 了解與保護你所在的生態區

認識你所處的生態區（bioregion，當地的自然環境和生態系統）。你喝的水從哪來？研究動物與植物族群。了解你所居地區都市化之前或改為單一作物農業之前的生態。那裡發生過什麼事？曾經有哪些生物生長在那個地方？追蹤生物區內的動物遷徙。

尋找尚存的原生植物。時時關注這所有的情況。跟其他當地人攜手保護與重建你們的生物區。

練習61　尋找你在自然界的盟友

在各種植物與地景之中尋找盟友，這可能要花一些時間。你需要拜訪各個植物，踏訪不同的地景，並隨時保持注意。哪個生物讓你感覺起來像盟友？是否有某朵花、某株藥草、某棵樹或某個地景，不斷召喚你回去找它？等你覺得找到了盟友後，請求它給予你任何你想尋求的協助與建議。詢問你盟友的靈性名字（spirit name）。

練習62　和各種大自然元素對話

你可以跟大自然的任何元素對話，包括自然中的任何一個地方。你可以跟湖泊、溪流、河川、池塘、海洋和雨對話。你可以跟各種地形對話，如山巒、岩石和土壤。你可以跟風和火對話。你可以訪問自然的這些元素，跟你訪問動物的做法一樣。或許你會發現，自然的某個元素在你的生命中有特殊意義，如那座山之於我。

第十六章

重新連結！人與地球的新關係

有一次我在課堂上唸一段文字，內容是說大自然所有的動物和生命多麼希望人類與他們重新建立關係並跟他們溝通，讓我們可以協力拯救地球。我的狗布萊蒂坐在我旁邊的沙發上，我唸完之後，她輕輕地將頭靠到我的心上並閉上眼睛。她維持那個姿勢很長一段時間，而我們看著她，深深地被她吸引住了。她從沒做過這個舉動，之後也沒再做過。她是在告訴我們，她完全同意我唸的那些話，希望這樣的改變可以實現。

我相信其他的生命形式都有意識到地球上正在發生的事，也知道目前的狀況非常嚴重。他們正等著我們與他們合作；他們真心希望我們重新與自然連結，出力阻止毀滅。但人類善於自欺欺人，假裝壞事沒有發生，儘管壞事確實正在發生，尤其是現在，我們正面臨多不勝數看似無法解決的問題。

改變人類一切毀滅性的作為

我不曉得該怎麼做，我也沒有解決辦法。但我確定這一點：我們的一切作為都必須改變。我們種植食物的方法，我們從地球取用的資源，我們營生、處世、娛樂、做生意、分享權力、財富分配、解決衝突、彼此相處（男人與女人以及不同的種族、文化與物種間的相處）的方式，全世界都必須要改變。否則，我們很快將會毀掉我們自己和地球上的生命。

現在人們為阻止地球毀滅所做的事都是可取的，但敵對勢力太強大了，積極努力改變現狀的人還是太少。

生態心理學（ecopsychology）❶的提倡者西奧多爾・羅查克（Theodore Rozak）說❷，在深層潛意識的層面，我們大多數人都為地球和自然正遭受的劫難而悲傷，我們不希望那種情況發生。為了排解這些情緒，大部分的人都躲進消極的保護傘下。為了避免感受到痛苦，我們假裝天下太平，假裝我們沒有造成破壞。可是，如德瑞克・詹森（Derrick Jensen）在他強而有力的著作《比言語更古老的語言》（A Language Older Than Words）裡所指出的❸，假裝沒事發生只會讓情況更糟，使得我們根本無力行動。

時時意識到問題是件很困難的事。環保鬥士比任何人更清楚這點，因為他們將自己推到自然環境毀滅的前線。環保鬥士與詞曲創作者大衛・葛林姆斯（David Grimes）住在阿拉斯加（Alaska）威廉王子灣（Prince William Sound），他見證了埃克森瓦迪茲號漏油事件（Exxon Valdez oil spill）發生後的生態浩劫。我最近跟他聊到人們如何面對身為環保鬥士的困境。他轉述了下面這個故事，是一位環保鬥士友人告訴他的。❹

那位女士多年從事樹居（tree-sitting）與其他抵制全面性砍伐（clear-cutting）的非暴力抗議活動，經過這些年後，她變得滿腔憤慨又悲痛欲絕。這些情緒逐漸宰制她生活的各方各面，她與朋友和家人日漸疏遠。她告訴大衛，有一天，當她在一叢預定要被砍掉的樹林裡哭泣時，她感覺到那些樹在跟她溝通。那些訊息主要是以感覺的形式傳來，似乎是來自那些樹木。

信息的重點是，那些樹木不希望她為它們犧牲。它們將她視為盟友，希望她保持堅強和穩定，這樣她才可以繼續在世上為它們發聲。這段經驗改變了她從事環保工作的心態；從那之後，她開始能夠應付身為環保鬥士和見證地球苦難所承受的巨大痛苦。彷彿是那些死期已定的樹木在被砍掉之前施予這位女士某種恩典。

或許有個辦法，可以應付我們因地球受難而生發的強烈情緒（就是這種情緒將我們送進消極的假防護罩裡），那個辦法就是仿效那位環保鬥士：跟地球上的非人類生物談我們的處境。我們可能會發現她所發現的那種力量，它能引領我們走出痛苦的心境，重新振作起來幫助地球，而不被情緒擊潰。

這世界的非人類生物正在告訴我們這個信息：「不要遺棄我們；不要排拒我們。」隨著情況越來越糟，我預測將會有更多人領悟到消極逃避是沒有用的。我清楚地體認到，我們全世界的人更需要聯合起來對抗正在發生的暴行，直到我們的人數和決心勝過那些正在摧毀地球的跨國企業和強權政府的力量。

和自然和諧共生的一些想法

在這本書的開場白，我介紹了烏瓦族的故事，他們是一支住在哥倫比亞安地斯山脈雲霧森林裡的民族。你應該還記得，當他們部落的土地遭到石油探勘的威脅時，烏瓦人決定跟石油溝通，叫它「移動」，躲避石油公司的鑽探。他們這麼做之後，西方石油公司，也就是進行鑽探的那家跨國石油公司，最初在那片土地發現的豐富石油儲量，他們後來一直找不到。❺我猜烏瓦人思索了很久才想出那個點子。

我不斷自問：「我們還可以做什麼類似的事？」如果我們說服全世界的石油都躲起來呢？那麼我們就不得不做我們原本就該做的事了：改成用植物柴油（vegetable diesel）、沼氣（methane）、風能、太陽能與氫能（hydrogen power）——各種可再生能源。換成用可再生能源是完全可行的，要不是石化企業集團的阻撓，今天全世界的人已經在實行這做法了。目前這是我所想到的唯一計策，但我將會繼續在這方面努力。

以下是我搜集到的幾個與地球協力合作的建議。這些方法會用到視覺化的想像和轉移能量的技巧。我沒有把直接的行動納入建議，像是抗議、訴訟和樹居。關於這類行動你平常就從其他資訊來源聽得夠多了。但是，在此省略不提它們並不減損它們的重要性。我所建議的能量操作，是與直接行動並行，而非取代它們。我們要成為有遠見的環保鬥士，同時在具體與精神層面上攜手同心改變局勢。

你想像自己是什麼，你就是什麼

在《叫眾神服務你》（Making the Gods Work for You）一書中[6]，卡洛琳・凱西（Caroline Casey）教導說，專心致志於某個結果，我們就會得到它。她鼓勵我們想像我們真心希望在生活中與地球上發生的事，不管那件事多麼不可能實現。做法是，想像你想要的結果，彷彿它已經發生。盡可能鮮明地想像那個情境。閉上眼睛，運用你所有的感官。彷彿你在看電影似的想像它。請常做這個功課，特別是當你發覺自己陷入負面態度的時候。

建立自己的祈願儀式

我們的祖先用儀式來祈雨和祈求豐收。他們向自然力量、地方的靈和動、植物請求各種幫助。請你也建立自己的儀式來祈求願望實現。例如，祈求風為整體類的心靈帶來改變，然後將一把玉米粉吹進風裡，作為供品，以催促它進行任務。

夢想一個新世界的誕生

你的夢是有力量的。原住民相信夢境時間是真實的時間。用你的夢來改變現狀吧。凱西建議說，在你睡覺前，想著一件你希望達成的事或你希望目睹發生的事。祈求這件事實現，把你的祈求說出來。當你睡覺時，這個念頭會出走到世間並對外顯現。你也可以要求在夢中收到指引。做法是，在睡前祈求你想要達成的事。越明確越好。然後在床邊備妥紙筆，這樣你醒來時才可以馬上記下你還記得的夢境內容。

靈與靈的對話

如果你跟某人的關係有問題，不妨以靈對靈的方式跟這個人對話。做法是，想像你在大自然中一個安全、有屏障保護的地方跟那些人會面。你也可以請你的導師來保護你。閉上眼睛，想像你在這個地方。想像你跟這個人進行一場談話，發自內心地與他對談。把你在真實生活中無法說出口的話全都說出來，並說明你想要什麼。仔細聽對方的回應。什麼時候要結束談話，隨你的意。你也要了解，有些人就是無法改變作風，就算他們的行為正造成巨大傷害。請求宇宙傳送治療能量給這類人；為挽救這些人造成的惡果所需的任何事物，請求宇宙讓它們實現。現在，看著那個人走遠。然後你就可以離開，回到你的身體和平常的意識狀態。

發自真心的祈禱

在《醫治地球》（Medicine for the Earth）這本書裡❼，珊德拉・英格曼（Sandra Ingerman）敘述了一則有關一群藏傳佛教僧侶的事蹟。多年前那群僧侶來到南加州，當時南加州被預測會發生大地震。洛杉磯居民開始恐慌，有些人甚至離開這座城市。那群僧侶來為這塊土地祈禱。英格曼說，他們帶來的啟示是，當陷入危機時，最好的辦法是跟大家聚集在一起祈禱。預期中的地震沒有發生。誰知道是不是那群僧侶幫忙化解了地震呢？

一天花個五分鐘時間，為你希望在地球上和在你生活中發生的轉變祈禱吧。盡量每天在同一時間做這件事，讓它成為習慣。你也可以跟其他人組成祈禱團。眾人合力祈禱會更有力量。

傳送治療能量給地球

運用第十二章介紹的治療動物的方法，傳送治療能量給地球上需要療傷的地方。請每天固定做這件事，並試著聯合其他人一起做，以增加強度。

用心傾聽自然的呼喚

如果我教得夠好，你應該能聽見自然的聲音了。現在你可以到外面去尋找那些願作你導師的動物、植物和地方。當你找到他們時，問他們你該做什麼。問他們在這個時候你要怎麼幫忙才是最好的，這時候沒有什麼事比這世界的命運更緊要了。

問水獺（river otter）、裂葉麻櫟（valley oak tree）、灰狐（gray fox）、大海、蜻蜓、白尾鷂（marsh hawk）、木賊（horsetail fern）、東方環頸（snowy plover）、獾（badger）、五十雀（nuthatch）、細蜥尾螈（slender salamander）、蝙蝠、蜂鳥（hummingbird）、仙履蘭（lady's slipper）、海豚、棉尾兔（cottontail）、澤龜（pond turtle）、七葉樹（buckeye tree）、金雕（golden eagle）、瀑布、響尾蛇（rattlesnake）、樹蛙（tree frog）、小花懸鉤子叢（thimbleberry bush）或岩山。既然你聽得到，就到戶外去傾聽吧。

致謝

感謝Virginia Simpson-Magruder在出版過程中的大力推動，如果沒有你，我可能還在搔頭苦惱該怎麼出版這本書。願那些紅尾鷹（red-tailed hawks）天天來造訪你，願神奇的力量永遠與你同在。

我敢打包票，我有幾個家人正暗暗希望我絕對別再寫書了。感謝我的父母Jean與John Williams，和我的手足Anne Millington，謝謝你們不厭其煩地編輯這本書。我保證，以後若要再寫書，肯定會雇人幫忙的。

和New World Library出版社的大伙共事是愉快的經驗。我想將感謝之意傳達給每位工作人員，特別是我的編輯Georgia Hughes，謝謝她的支持、專業指導與真知灼見，也謝謝Munro Magruder在宣傳這本書時貢獻了他的創意與熱忱。

謝謝這些年來在工作上支持我的所有客戶、同事與學生，其中有動物也有人類。特別要感謝Sylvie Maier、Petra與Freek Gout、Ellen Spiegel、Sam Louie、Janet Shepherd、Marla Williams、Madeline Yamate、Tina Hutton、Carol Gurney、Barbara Chasteen、Diana Thompson，和所有提供自己的故事讓我寫進書裡的人們。最後，謝謝所有動物朋友對我的愛與支持。

附錄——特別訓練題之正解看這裡

第六章

這些相片裡的每隻動物都是我養的。我已盡力查清楚每隻動物性格的方方面面，以及每一隻喜歡與討厭的每樣事物。可是，我一定有漏掉一些東西。如果你得到的答案不在這份表單上，請別將它視為錯的。將它標註為「不明」就好；可能是我漏列了。當你計算正確答案的比例時，不要將那些不明的答案算進去。還有，如果你得到某個關於性格的資訊，發現它是被列在喜惡的清單裡，也要把它算成是正確答案。

練習對象一：貓咪海柔

年齡：二〇〇二年（拍攝時）十七歲。

性格：聰明／機敏／頑皮／愛創新／善妒／充滿創造力／驕傲／慧黠／有內涵／有著健康的自尊心／喜歡玩遊戲／會幫助我寫作／是個思想家／好獵手（不過她現在不常打獵了）／優秀的溝通師。如果其他的貓好相處，她基本上也會對她們友善；對狗比較不信任，但如果是好相處的狗，她也可以接受。她喜歡被讚賞，喜歡受到矚目。

喜歡：玩追逐的遊戲／逗弄狗／從高處往下看／在屋頂上行走／逗人笑／被親／玩玩具／睡在休閒椅和大枕頭上／溫暖的燈和暖爐燈／溫暖的毯子／靠著我的頭睡覺／撕紙／坐在我書桌上的文件盒裡／撥掉我梳妝檯上的東西／客人／幫助人們學習與動物溝通／在我回家時迎接我／在屋裡瘋瘋癲癲地四處狂奔／被讚賞／被稱為公主／

探險／罐頭食物（鮪魚和雞肉）／生食／乾而酥脆的顆粒飼料／哈密瓜／乳酪／奶油／蘆筍頭／被按摩肚子／背、耳朵和下巴。

不喜歡：對街的暹羅貓（Siamese cat）／剪指甲（除非是由某位獸醫剪）／某些狗（尤其大嗓門、愛吵鬧的狗）／被冷落／我新養的小貓杜爾（Tule）（她有點忌妒）／被抱太久／坐車／吸塵器／變老／身體變僵硬／吵鬧的噪音。

練習對象二：狗狗布萊蒂

年齡：二〇〇二年（拍攝時）七歲。

性格：精力充沛／愛運動／什麼都要快／容易緊張／容易發脾氣／親切／好奇／容易激動／容易分心／易受驚嚇／窩心又討人喜愛。是個愛管閒事的狗／容易有不安全感／以前曾被虐待過／挑食／富幽默感／她常常笑（我訓練過她笑）。她跟其他狗在一起時非當老大不可，而且一開始會有點霸道，不過之後就會喜歡跟他們玩並和平共處。

喜歡：追貓／尾隨貓到處走／看貓／把地鼠挖出來／挖土，睡在床上／散步／撒嬌／不繫狗鍊／奔跑／跟其他狗玩／追球（或任何物品）／撕紙／坐在家具上／到原野上和爛泥巴裡／到海邊和湖邊／坐車兜風／點心和她的食物（蔬菜、生肉和骨頭，還有餅乾／乳酪／馬鈴薯和蛋）／她的朋友馬克斯（一隻大白狗）／瑪爾瑪拉德（一隻橘毛的貓，已經去世）／海柔／杜爾（我新養的虎斑貓）、貝爾（我的黑毛公狗）和都格（我的大型棕毛公狗，最近過世）。

不喜歡：珍妮（我養的老貓），讓珍妮在任何地方接近她，睡覺時被打擾／去獸醫診所（她只喜歡看那裡的貓）／修指甲／吵鬧的噪音／生氣的人／洗澡／項圈和狗鍊／我離開。

練習對象三：馬兒狄倫

年齡：二〇〇二年（拍攝時）二十一歲。

性格：大多時候是文靜的／聰明／體貼／善良／可愛／不太愛出鋒頭／富同情心／快樂／知足，不太熱中工作／富有幽默感／不喜歡爭執／逆來順受／在馬群中是殿後馬／喜歡物質享受／喜歡玩／有時候會有點固執／有點沒耐心／受過聽口令的訓練／而且通常都很配合。

喜歡：跟狗和其他的馬玩／跟人玩追逐的遊戲／紫花苜蓿／方糖／任何甜食／紅蘿蔔／草藥／穀物／馬飼料／散步／置身於廣大的牧場上／與馬群為伴／溫暖／夜裡躺在軟軟的東西上／看風景／吃草／被刷洗／被挖耳朵／被按摩／有人來看他／跟人心靈對話，逗人笑，教人們溝通。

不喜歡：貓停在他背上／狗追他／任何一種豬／槍聲，腳痛／生病／上拖車（一點點不喜歡）／搬新家／淋雨／獨處／馬毯（horse blanket）／離開其他馬／跟壞心眼的人或悲傷的馬共處／詭異的噪音／冷水澡（一定要溫水）／被脊椎治療師矯正／從注射器口服藥。

計分方式

針對各隻動物，請先統計你正確答案的數目。如果你得到某個關於喜惡的答案，它卻是在性格清單裡，那麼也要將它算成是一個正確答案。接下來統計你錯誤答案的數目，清單上找不到的答案不用算進來。（那些答案可能是正確的。）

要計算你的準確率，請將錯誤答案的數目跟正確答案的數目加起來，得出關於某隻動物的答案總數。舉例來說，如果你有二十個正確答案與八個錯誤答案，你答案總數就是二十八。那麼正確答案的比率就是：

以此例來說：有二十個正確答案，答案的總數（正確加上不正確）是二十八。

二十除以二十八換算成百分比＝71％

這個例子的準確率就是＝71％

第七章

練習對象一：作者瑪塔

我喜歡的事物：唱歌／遠足／游泳／賞鳥／騎馬／露營／園藝／旅行／小孩子／絕大多數類型的音樂／跳舞／神祕小說／閱讀／電影／逛街／打掃／蛇／幾乎每種非主流的事物、環保和環境永續性。

我不喜歡的事物：群眾／噪音／大型商場／速食／芹菜／秋葵／豌豆／越野車／小心眼或自負的人／電視／烹飪／某些蜘蛛／任何商業化的東西／右翼政治／高爾夫球／保齡球。

練習對象二：狗狗貝爾

年齡：二〇〇二年時兩歲。

性格：好奇／快樂／平靜／聰明／容易分心／學習能力佳／對每個人都很友善／但是隻優秀的警衛犬／對貓很好／對每隻狗都友善／但更喜歡人（他真的會撲到你面前。）

喜歡：食物／點心／人／小孩子／其他狗／跟其他狗賽跑／吃便便／散步／長嗥和吠叫／讓人搔他肚子和耳朵／獻吻／跳到桌上／睡在桌上／在桌上守望／吃貓食／翻垃圾／逗人開心／認識新的人／在腐壞、發臭的東西裡打滾／喜歡追馬／腳踏車和慢跑的人（但總是得不到機會）。

不喜歡：吵鬧的噪音／聽到人們大吼大叫或發飆／被綁起來／跟惡劣的狗共處／被狗攻擊／貓迎面走近／被人用項圈拉住／沒準時吃晚餐／吃不夠飽／洗澡／沒有天天散步。

第八章

練習對象一：作者瑪塔

- 高空跳傘：雖然我覺得高空跳傘會是個不錯的點子，如果我能做這件事就太棒了，但我永遠沒膽去做，那太可怕了。
- 烹飪：不太喜歡。我寧願讓別人煮給我吃，我願意洗碗。
- 參加高中同學會：我從沒參加過。長久以來我總是這麼想：「呃，饒了我吧。」但最近我開始在想，搞不好參加同學會其實很有趣。如果你接收到的印象是矛盾的，原因在此。

- 早起：我喜歡早起，我常常比太陽還早起。
- 到海邊游泳：我去過，也喜歡這活動，但我只肯在溫水和淺灘游泳。我不喜歡在寒冷、深色的海水中游泳。
- 甘草：我喜歡。

練習對象二：狗狗布萊蒂

下水：布萊蒂喜歡從水上跑過去。她隨時都想衝下水，她會在小水潭和小溪裡奔跑。遇到湖泊時有點不一樣，有一次我帶她到一座湖陪我游泳，她就怕了。到深水裡游泳她是不肯的。她樂意到水裡撿棍子，但撿球可能會不願意。不管是在哪種水域，她都不會想要游到水面中央去。在海灘，她喜歡從浪花邊緣上面跑過去，但她沒興趣撲進海浪裡。不過她有一次這樣做過，因為幾個朋友帶她一起衝浪。

小孩子：我剛領養布萊蒂時，她害怕小孩。我需要讓她知道小孩子是沒威脅的。她對嬰兒和初學走路的幼兒感到好奇，喜歡他們身上的味道，也喜歡舔他們。但他們揮舞雙手或撲向她時會有點嚇到她。對於比較大的、知道怎麼跟狗互動的孩子，她就很落落大方了。她會親他們，喜歡聞他們，表現得和藹可親。她覺得跟男孩子一起玩很有趣，但通常比較信任女孩子。我們出去散步時，如果要她選擇在廣闊的空地上奔跑，還是去找路上遇見的孩子玩，她會毫不猶豫地選擇前者。

- 紅蘿蔔點心：不特別喜歡。
- 被刷毛和梳毛：她沒有很喜歡被刷毛或梳毛，只是勉強接受。

註釋

導言　我們都是一家人

1 T.C. McLuhan, ed. Touch the Earth: A Self-Portrait of Indian Existence (New York: Simon & Schuster, 1971), p. 15.
2 McLuhan, Touch the Earth, p. 23.
3 Rainforest Action Network (Ran)網頁(www.ran.org).（你可以上RAN Web網站知道更多關於烏瓦族的事並聲援他們的運動。）
4 Gabrielle Banks, "Columbian Tribe Topples Mighty Oil Giant," www.alternet.org, May 6, 2002.

第一章　我如何學會跟動物溝通

1 波恩的散文集在他往生後出版，書名為Adventures in Kinship with All Life (Joshua Tree, Calif.:Tree of Life Publications, 1990).
2 靈境追尋的傳統常見於許多原住民文化中。在做靈境追尋時，追尋者獨自進入大自然中尋找異象和指引。通常會有一段齋戒期，有時候參加者幾天不喝水。
3 Frank Walters, Book of the Hopi (New York: Viking Press, 1963).

第二章　開啟你沉睡已久的感應天線

1 Belleruth Naparstek, Your Sixth Sense: Activating Your Psychic Potential (New York: HarperCollins, 1997). 繁體中文版《超感官之旅》，經典傳訊出版。
2 Russell Targ and Keith Harary, The Mind Race: Understanding and Using Psychic Ability (New York: Random House, 1984).
3 Russell Targ and Jane Katra, Ph.D., Miracles of the Mind: Exploring Nonlocal Consciousness and Spiritual Healing (Novato, Calif.: New World Library, 1999), p. 61.
4 同上, p. 27.
5 Christian de Quincey, Radical Nature: Rediscovering the Soul of Matter (Montpelier, Vt.: Invisible Cities Press, 2002).
6 Gary Schwartz, Ph.D., The Afterlife Experiments: Breakthrough Scientific Evidence of Life after Death (New York: Pocket Books, 2002). 繁體中文版《靈魂實驗》，大塊文化出版。
7 Kirstin Miller, "The Afterlife Experiments: An Interview with Dr. Gary Schwartz," Psychic Reader, vol. 27, no.6, June 2002, pp. 8—10, 13.
8 David Abram, The Spell of the Sensuous: Perception and Language in a More-Than-Human World (New York: Pantheon, 1996).
9 Marija Gimbutas, The Language of the Goddess (San Francisco: HarperCollins, 1989). 也請參考 Joan Marler, ed., From the Realm of the Ancestors: An Anthology in Honor of Marija Gimbutas (Manchester, Conn.: Knowledge, Ideas and Trends, 1997).
10 我讀到琳達．可漢諾夫（Linda Kohanov）的《馬之道：一個女人透過馬之道療傷與蛻變的歷程》（The Tao of Equus: A Woman's Journey of Healing and Transformation through the Way of the Horse [Novato, Calif.: New World Library, 2001]）之後，我才知道金布塔斯的理論引起了廣泛的爭議。在這本書中，可漢諾夫根據她對庫德文化的觀察，駁斥庫德騎士發動侵略的說法。她覺得庫德人不可能做這樣的事，並將女神信仰轉變到父權體制的過程歸因於農耕文化的興起。可漢諾夫在意的是，騎馬游牧文化不該被烙上喜好破壞、尊崇父權的刻板印象，而這是一個很好的觀點。她也在意，不應該將馬視為母性宗教社會崩解的罪魁禍首；這種觀念背後的思維是，要是沒有馬，侵略者可能無法取得這麼大的成功。我跟她一樣在意這件事；我愛馬，不希望他們被當成史前時代的壞蛋。然而，如果我們讀過金布塔斯著作的主要內容和瓊安．馬勒（Joan Marler，見註9）編輯的《來自祖先的領地》（From the Realm of the Ancestors，見註9）裡的絕佳考古資料，就會知道那些資料是相當具有結論性的。透過對工藝品與建築物的分析、放射性碳定年法與DNA檢測，可以確證從北方來的一支侵略性文化取代了古歐洲原本盛行的各種文化。農耕文化在古歐洲的女神信仰文化裡存在了數千年之久。這些文化接觸到來自北方的掠奪性文化或父權文化之後，一概遭到毀滅。我認為不需要給所有的騎馬游牧文化冠上一樣的帽子，但根據考古證據，這種文化之中至少有某一支派在大約七千年前大舉殺戮，看來是不可否認的。

11 Monica Sjoo, Return of the Dark/Light Mother or New Age Armageddon? (Austin, Tex.: Plain View Press, 1999), p. 102.
12 Christian de Quincey, Radical Nature: Rediscovering the Soul of Matter (Montpelier, Vt.: Invisible Cities Press, 2002), p. 5.
13 Jeffrey Moussaieff Mason and Susan McCarthy, When Elephants Weep: The Emotional Lives of Animals (New York: Delacorte Press, 1995).
14 Charles Darwin, The Expression of Emotions in Man and Animals (1872; reprint, Chicago: University of Chicago Press, 1965).
15 Margot Lasher, And The Animals Will Teach You: Discovering ourselves through Our Relationships with Animals (New York: Berkley Books, 1996).
16 Rupert Sheldrake, Dogs That Know When Their Owners Are Coming Home: And Other Unexplained Powers of Animals (New York: Crown Publishers, 1999).

第三章　傳送與接收訊息、心像、感覺

1 本書提及的研究者有：(1)Christian de Quincey, Radical Nature: Rediscovering the Soul of Matter (Montpelier, Vt.: Invisible Cities Press, 2002).(2)Gary Schwartz, Ph.D., The Afterlife Experiments: Breakthrough Scientific Evidence of Life after Death (New York: Pocket Books, 2002). 繁體中文版《靈魂實驗》，大塊文化出版。(3)Rupert Sheldrake, Dogs That Know When Their Owners Are Coming Home: And Other Unexplained Powers of Animals (New York: Crown Publishers, 1999).(4)Russell Targ and Keith Harary, The Mind Race: Understanding and Using Psychic Ability (New York: Random House, 1984).(5)Russell Targ and Jane Katra, Ph.D., Miracles of the Mind: Exploring Nonlocal Consciousness and Spiritual Healing (Novato, Calif.: New World Library, 1999).
2 Rupert Sheldrake, Dogs That Know When Their Owners Are Coming Home: And Other Unexplained Powers of Animals (New York: Crown Publishers, 1999).
3 我的方法是直接用我的手掃淨我的身體，若發覺哪裡沉積著詭異的感覺，就把它拔出來。假設我的喉嚨感覺到緊，我就把那股感覺拔出我的喉嚨，然後用指尖將它彈到地上。我想像這股能量被大地回收，宛如堆肥。

第四章　有多準？驗證你的準確度

1 Marta Williams, “What's on Your Horse's Mind?” Whole Horse Journal, vol. 3, no. 3, May/June 1998, pp. 14—16. 「紅」的故事也發表在同一本期刊裡：Pat Miller, “A Bad Horse or One in Pain?” Whole Horse Journal, vol. 4, no. 1, January/February 1999,p. 13.
2 Rupert Sheldrake, Dogs That Know When Their Owners Are Coming Home: And Other Unexplained Powers of Animals (New York: Crown Publishers, 1999).
3 Mona Lisa Schultz, Awakening Intuition: Using Your Mind-Body Network for Insight and Healing (New York: Harmony Books, 1998), pp. 323—327.
4 若想了解更多，請讀麥克莫尼戈的書Remote Viewing Secret: A Handbook (Charlottesville, Va.: Hampton Roads Publishing Company, 2000), p. 167. 也可上美國海軍天文台報時服務部（Time Service Department, United States Naval Observatory）的網站，http://tycho.usno.navy.mil/sidereal.
5 Dean Radin, The Conscious Universe: The Scientific Truth of Psychic Phenomena (New York: HarperCollins, 1997).
關於遙視的網站：ww.remote-viewing.com
關於James Spottiswoode & Associates的網站：www.jsasoc.com/docs/isseem.pdf

第五章　寵物真的聽得懂我的話嗎？

1 “There's a Real Cat Burglar on the Prowl,” The Evening Telegram, Matawa, Ontario, August 22, 1998, p. 7.
2 花精是含有花的能量「精華」的水。製作花精時，是把花泡在水裡，經過一段特定時間之後，將花取出。水裡沒有任何植物成分。之後在花精裡摻入一點酒精或別種試劑來延長保存時間。花精是以振動頻率的方式產生作用，影響情緒體（emotional body）。雖然花精能產生療效似乎不合常理，但許多親身使用

或對動物施用花精的人，都堅稱花精真的有效。對我而言，使用花精是個不花錢的實驗，沒有壞處，而且可能有益。花精有許多不同的種類，你可以到書店和草藥店尋找相關書籍，或在網路上搜尋「花精」。

第七章　相信自己！清除溝通的障礙

1 Mona Lisa Schultz, Awakening Intuition: Using Your Mind-Body Network for Insight and Healing (New York: Harmony Books, 1998), pp. 331—337.
2 Karen Pryor, Don' t Shoot the Dog: The New Art of Teaching and Training (New York: Bantam Books, 1984). 繁體中文版《別斃了那隻狗》，商周文化出版。

第八章　訊息接收能力再提升

1 Pete Sanders, Jr., You Are Psychic: The Free Soul Method (New York: Fawcett Columbine Books, 1989).
2 Belleruth Naparstek, Your Sixth Sense: Activating Your Psychic Potential (New York: HarperCollins, 1997), p. 110. 繁體中文版《超感官之旅》，經典傳訊出版。

第十一章　探問寵物的過去身世

1 Martin Goldstein, D.V.M. The Nature of Animal Healing: The Path to Your Pet's Health, Happiness and Longevity (New York: Knopf, 1999), pp. 281—302.

第十二章　查明病痛之因，傾聽死前遺言

1 若想知道更多關於動物整體照護的知識，請參考本章中建議書目。
2 請見拉瑞．多西的網站：www.dosseydossey.com
3 Martin Goldstein, D.V.M. The Nature of Animal Healing: The Path to Your Pet's Health, Happiness and Longevity (New York: Knopf, 1999), pp. 71—104.
4 舉例來說，老舊加油站地下儲油槽的漏油流出致癌化學物質，例如苯，已汙染了全美各地的地下含水層。殺蟲劑也會滲入地下水，再由此混入飲用水中。
5 Goldstein, The Nature of Animal Healing, pp. 43—70.
6 一個需要研究的食物是豆腐；我不建議用豆腐代替肉類。在我吃素多年並吃了很多豆腐之後，我現在可以確定它不是一樣健康的食物。若想知道更多關於食用黃豆製品的潛在危險，請讀喬瑟夫．梅可拉（Joseph Mercola）網站上的這篇文章：www.mercola.com/article/soy。給狗吃天然生食的另一個優點是可以徹底免除那些易引起動物（和人）過敏的典型食物，包括小麥、玉米、黃豆、牛乳、糖和酵母。然而，完全吃素會導致動物更容易接觸到這些可能對健康不好的食物。
7 用動物生產肉類與乳製品有著嚴肅的道德爭議。為商業目的飼養的動物是受到虐待的；沒有其他方式可以形容他們的境況了。我們所有人都必須停止支持肉類工業與乳品工業。另一方面，我們的肉食性寵物不吃肉能否維持健康，這也是個問題。這議題還牽涉到人們各不相同的飲食需要與偏好。我的個人看法是，我們需要致力於推動人道養殖，以之為首要目標；我們需要教育人們只購買有機、以人道方式飼養與宰殺的動物。同時，我們需要鼓勵人們減少吃肉和乳製品。我曾經吃素二十年，並因為吃素變得身體虛弱。現在我不吃任何乳酪或牛奶，但我會用奶油和羊乳酪，全都是來源於有機、自由放養的動物。我也吃自由放養的雞肉和雞蛋，並餵我的動物吃肉。我正計畫飼養我要用作食物的雞。這樣子我就能夠知道他們活得體面，而死得人道，至少我會盡力做到這點。我知道有些人會認為我身為動物溝通師卻又吃肉是矛盾的。我只能說，或許是我生物學家的那一面顯現。許多動物會吃其他動物。我在野生動物復育中心工作時，有六年在餵動物吃動物。如果我不餵肉和魚，我照顧的鷹、貓頭鷹、狐狸、獾、郊狼和海豹就會沒命。我不覺得吃肉是最大的問題，只是地球上的人口過度膨脹，導致我們的食肉習慣形成巨大的負面衝擊。我憂心這問題，也憂心我們在海洋過度捕魚，憂心肉類工業裡的動物所承受的苦難、折磨與慘死。我不認為我個人能跟這任何一項劣行脫離干係，除非我自己飼養家禽家畜，所以這是我正在努力的方向。
8 Diana Thompson, "Alfalfa: More Harm than Good?" Whole Horse Journal, vol. 2, no. 5, September/October 1997, pp. 6—8.
9 詢問動物的意向也是可行的，不過我發現動物通常對此沒意見。

第十三章　他在哪？找回走失的寵物

1 若想知道如何使用擺錘或占卜杖，你可以上網查或翻閱這類書籍。到網路書店或當地的書店找看看。

第十四章　如何和野生動物溝通？

1 在我看來，許多被人養卻不受馴服的動物，基本上也算野生動物。
2 J. Allen Boone, Adventures in Kinship with All Life (Joshua Tree, Calif.: Tree of Life Publications, 1990).
3 若想尋找更多吸引野生動物到你家後院的方法，請上美國野生動物聯盟（National Wildlife Federation）網站：www.nwf.org。
4 Joanne Elizabeth Lauck, The Voice of the Infinite in the Small: Revisioning the Insect-Human Connection (Mill Spring, N.C.: Granite Publications, 1998).
5 例如，在你屋子下方設置沙堤（sand barrier）可阻止白蟻進來，取代殺蟲劑的使用。也有一些客戶告訴我，鵝對於好奇的響尾蛇有很大的嚇阻作用。坊間有許多關於無毒害蟲防治的書籍。請查詢網路、圖書館、有機苗圃和當地的生態中心。
6 Buffie Johnson, Lady of the Beasts: The Goddess and Her Sacred Animals (Rochester, Vt.: Inner Tradition International, 1994).
7 Dianne Skafte, Ph.D., When Oracles Speak: Understanding the Signs and Symbols All around Us (Wheaton, Ill.: Quest Books, 2000).

第十五章　如何和植物及大地溝通？

1 Peter Tompkins and Christopher Bird, The Secret Life of Plants (New York: HarperCollins, 1973). 繁體中文版《植物的祕密生命》，台灣商務出版。
2 Tompkins and Bird, The Secret Life of Plants, pp. 127—134.
3 Russell Targ and Jane Katra, Ph.D., Miracles of the Mind: Exploring Nonlocal Consciousness and Spiritual Healing (Novato, Calif.: New World Library, 1999).
4 Christian de Quincey, Radical Nature: Rediscovering the Soul of Matter (Montpelier, Vt.: Invisible Cities Press, 2002).
5 Rupert Sheldrake, Dogs That Know When Their Owners Are Coming Home: And Other Unexplained Powers of Animals (New York: Crown Publishers, 1999).
6 Dean Radin, The Conscious Universe: The Scientific Truth of Psychic Phenomena (New York: HarperCollins, 1997).
7 Tompkins and Bird, The Secret Life of Plants, pp. 17—31.
8 Tompkins and Bird, The Secret Life of Plants, pp. 361-373. 也請務必讀讀Monica Sjoo的著作Return of the Dark/Light Mother or New Age Armageddon? (Austin, Tex.: Plain View Press, 1999)，得到另一種對於芬德霍恩的觀點。
9 Stephen Harrod Buhner, The Lost Language of Plants: The Ecological Importance of Plant Medicines to Life on Earth (White River Junction, Vt.: Chelsea Green Publishing, 2002), p. 258—259.
10 Buhner, The Lost Language of Plants, pp. 80—82.
11 Julia Butterfly Hill, The Legacy of Luna: The Story of a Tree, a Woman, and the Struggle to Save the Redwoods (San Francisco: HarperSanFrancisco, 2001).

第十六章　重新連結！人與地球的新關係

1 生態心理學是在研究自然環境、地球與自然的狀態和人類心靈三者間的關係。它是個相當冷僻的領域，因為它就跟新宇宙觀一樣，現今的觀念體系（在這裡特指心靈健康的觀念體系）需要徹底變革，它的信念才可能得到廣泛的響應。
2 Theodore Rozak, The Voice of the Earth: An Exploration of Ecopsychology (Grand Rapids, Mich.: Phanes Press, Inc., 2001).
3 Derrick Jensen, A Language Older Than Words (New York: Context Books, 2000).
4 與大衛·葛林姆斯的私人談話，二〇〇二年七月五日。
5 Gabrielle Banks, "Colombian Tribe Topples Mighty Oil Grant," May 6, 2002, www.alternet.org.
6 Caroline Casey, Making the Gods Work for You: The Astrological Language of the Psyche (New York: Three Rivers Press, 1998).
7 Sandra Ingerman, Medicine for the Earth: How to Transform Personal and Environmental Toxins (New York: Three Rivers Press, 2000).

BC1017R

寵物通心術

自學動物溝通的62個練習

作　　者　瑪塔・威廉斯（Marta Williams）
譯　　者　何秉修
責任編輯　田哲榮
封面設計　朱陳毅
版面設計　舞陽美術・張淑珍
校　　對　魏秋綢

發 行 人　蘇拾平
總 編 輯　于芝峰
副總編輯　田哲榮
業務發行　王綬晨、邱紹溢、劉文雅
行銷企劃　陳詩婷
出　　版　橡實文化 ACORN Publishing
231030新北市新店區北新路三段207-3號5樓
電話：02-8913-1005　傳真：02-8913-1056
網址：www.acornbooks.com.tw
E-mail信箱：acorn@andbooks.com.tw
發　　行　大雁出版基地
231030新北市新店區北新路三段207-3號5樓
電話：02-8913-1005　傳真：02-8913-1056
讀者服務信箱：andbooks@andbooks.com.tw
劃撥帳號：19983379；戶名：大雁文化事業股份有限公司

印　　刷　中原造像股份有限公司
二版一刷　2023年 1月
二版七刷　2024年 6月
I S B N　978-626-7085-59-2
定　　價　420元

國家圖書館出版品預行編目資料

寵物通心術：自學動物溝通的62個練習/瑪塔・威廉斯(Marta Williams)著；何秉修譯. -- 二版. -- 臺北市：橡實文化出版：大雁出版基地發行, 2023.01
272面；17x22公分
譯自：Learning their language:intuitive com-munication with animals and nature.
ISBN 978-626-7085-59-2（平裝）
1.CST：動物心理學 2.CST：動物行為
383.7　　111018153